精實法則：

50+ 台灣企業高效增利實戰

江守智

豐田精實管理台灣知名顧問

目錄

第一章 物：承載價值的產物   19

1-1 最簡單的豐田七原則，最極致的物品管理效率
———— *和泰汽車*重劍無鋒的物流管理實踐   20

1-2 採購貪便宜？卻忘了過量增加更多成本
———— *台灣消費品大廠*最常遭遇的採購批量問題改善   28

1-3 從減少客戶的選擇，來提高你的達成效率
———— *台灣製鞋設備廠*的高客製化難題如何提高達成率   36

1-4 提升檢驗效率的三支箭：盤點、目的、優化
———— *台灣機械大廠*改善零組件檢驗流程的具體方法   44

1-5 提前優化設計與製造，減少後期品質問題
———— *台灣食品大廠*從設計端最佳化作業端流程   52

第二章 停滯：價值以外的時間   59

2-1 「提早做、加減做」常常反而是一種浪費
———— *台灣餐飲集團*用改善備料流程提升獲利   60

2-2 對時間高敏感，用科學數據建立精準排程
———— *中南部食品加工廠*用精算時間改善場地空間浪費   67

2-3 「大企業病」造成停滯，針對時間差改善
———— *自行車零件廠*作業流程改善的點與線分析   75

2-4 減少停滯，先減少距離感再追求一氣呵成
———— *台灣烘焙、鋁門窗廠*合併工序減少作業時間   83

2-5 減少停滯，那就分批處理並及時供應
———— *台中電子零件廠*從大批量到小批量的改善案例   90

第三章　人：創造價值的靈魂　　99

3-1　企業面對缺工問題，三個自問與解套策略
　　　———— **雲林雞隻屠宰廠**用流程改善舒緩缺工問題　100

3-2　老好人跟控制狂：阻礙改善兩大門神
　　　———— **台灣聯華食品**給予犯錯空間的改善策略　107

3-3　非制式作業的標準化策略，關鍵在時間與定量
　　　———— **電商、維修、倉庫**等變動性工作的標準化作業　115

3-4　高階主管是改善造局者，從三前提下手
　　　———— **台灣勞力密集產業**如何設定改善目標的實戰策略　124

3-5　好主管詢問問題原因，而不是讓團隊解決現象
　　　———— **台灣餐飲與加工廠**改善現場問題的解決對策思考　132

3-6　業務把客戶當上帝，對公司改善反而是種傷害
　　　———— **台中智慧機械聚落**的業務問題與改善策略　140

第四章　切換：因應需求的靈活　　149

4-1　切換時間少量多餐，管理者的快速安打策略
　　　———— **台灣食品業**如何減少清機時間的具體策略　150

4-2　改設備之前先改人，產能問題用流程解套
　　　———— **台灣化工產業**用人機分離改善產能與成本　157

4-3　更換供應商也是成本，五招教你不換更有利
　　　———— **台灣汽車零件廠**解套供應商要求的策略　165

4-4　比起人海戰術，根據需求安排人數才是最佳解
　　　———— 從**台中手工洗車場**看製造業面對淡旺季的應對劇本　173

4-5　改善換線作業增加可生產時間，就是提升獲利
　　　———— **新竹貢丸工廠**的換線作業改善策略　181

第五章 機：協助人類的夥伴　181

5-1　產線自動化前你應該完成的精實管理步驟
────── **台灣最大機器人工廠**的自動化實作建議 192

5-2　設備產能損失，也能用精實管理流程來改善
────── **桃園電子產品廠**的組裝設備產線改善策略 201

5-3　企業資訊系統優化一定要從人員使用場景看起
────── **物流宅配**的資訊化作業流程如何防止人為疏失 208

5-4　你對設備越有愛，它就越不易背叛你
────── **台灣工具機業**的設備維護改善建議 217

第六章 調適：人工智慧的集結　225

6-1　物料精度及整列流動，是自動化的基本條件
────── **台灣扣件、食品、紡織業**精實推動自動化產線　226

6-2　現地現物現認，從機台物料細節證據來解決問題
────── **台灣自行車、食品廠**根據現場證據做精實改善　233

6-3　組合包產品不好做？西瓜偎大邊的連線生產策略
────── **知名清潔用品公司**用精實管理改善組合包作業 241

6-4　少量多樣也能標準化！從工序重新分類下手
────── **台灣馬達、工具機、食品廠**的標準化改善案例 249

6-5　導入 AI，先克服分群、極端值與時間軌跡
────── **台灣企業**導入機器學習時不能忽略的管理難題 256

追求卓越，聯華食品的「精實法則」

聯華食品與中華精實協會的大野院長及江守智顧問合作已經滿十二個年頭，並且即將邁入第十三年。這段合作旅程，不僅為聯華帶來脫胎換骨的改變，更讓我們從顧問的專業用心看到聯華未來的可能。

回顧聯華的改善歷程，我們的初衷來自豐田生產方式透過減少浪費與提升效率的理念，藉此完善我們的產能效率和品質管理。而江守智顧問正是該一領域最年輕出色的顧問之一。他靈活的頭腦、細膩的觀察力，讓我們在每次的改善活動中都收穫滿滿。顧問這次的新作《精實法則》也延續了他深厚的實戰經驗，提供了更全面、更具啟發性的改善範例。

《精實法則》書中談論的現場三元素的交互作用「停滯、切換與調適」，更是與聯華食品的改善歷程相符。我們理解到，生產流程中的每一個環節都可能成為瓶頸，唯有持續調整優化，才能真正做到靈活高效。江顧問在書中通過各種實際情境展示了在多個台灣產業推動改善的異同，對我們深具啟發。

江守智顧問不僅在專業上極具素養，在溝通上也極具影響力，多年來，他在聯華食品的成長過程中擔任了極為重要的角色，期待《精實法則》一書的上市，讓更多企業也能藉此找到適合自己的改善方法。

聯華食品董事長 李開源

台灣企業實踐精實法則最好的參考書

　　如何給予客戶好的體驗，以滿足客戶需求與期望，一直以來都是永進機械要追求與面臨的課題；市場的競爭愈加激烈，對於提高生產效率以及客製彈性應變的需求不斷增強，守智以紮實的輔導經驗和深厚的理論基礎，創造出精實管理無限的可能性。

　　在《精實法則：50+ 台灣企業高效增利實戰》書中，進一步跳脫傳統框架，不僅透過跨行業的案例來驗證精實管理的適用性，更以獨到的觀察能力，提出了實踐中不可忽略的細節與思維轉換。

　　守智第一本書《豐田精實管理的翻轉獲利秘密》以精實管理的基本理念為起點，傳達精實思想的核心價值；第二本書《豐田精實管理的現場執行筆記》則聚焦於實務中的方法學與工具，掌握改善的具體戰術。而如今的新書著作，更是從多元產業經驗中淬煉而成的實戰指南，無論是食品、餐飲、機械、車輛、化工以及醫療器材等領域，書中每一個案例與方法的背後，都是學習與改善的具體實踐，並展示了精實管理在不同產業環境中的適應力與彈性。

　　我誠摯推薦這本書，對於有志於提升組織運營效能的領導或管理者而言，可以激發更多企業在不同產業環境中開創新的突破，並能注入精實管理的思維和力量。

永進機械總經理
台灣工具機暨零組件工業同業公會理事長　陳伯佳

《精實法則》各界推薦

過去精實生產管理通常運用在製造業居多，而做為運輸物流業的專業經理人，也積極推動精實管理專案，二十四小時不間斷的作業體制，如何活用人力、設備及時間來規劃作業排程、改造流程與工序，達到提效降本的目標。本書以物、人、機三個核心元素，藉由理論法則結合實例來呈現，內容深入淺出、旁徵博引，非常實用也絕對值得推薦給各行各業的經理人。

新竹物流 零擔事業群 李鈺祥總經理

顧問會協助生產節奏與市場需求達到的同步及平衡，讓業務到生產環環相扣。大處著眼、小處著手，細節精準掌握，避免人等機、機等人這類效率上的浪費。本書不僅提供了操作實務，更兼顧人性，為追求卓越效率的企業帶來指引。

安口食品機械 歐陽志成總經理

「正宗的豐田精實理論、超強的邏輯思維與親和力的輔導風格」，是我對守智顧問最佩服的地方！合作三年來，最明顯的效益就是同仁對改變的認同，逐漸累積成明顯的成效。閱讀了這本新書後，我已經迫不及待新書的發行，因為解方就在這裡！

新可大國際 黃宗澤總經理

江守智老師曾於 2023 年為王品集團主管群培訓，以淺顯易懂的理論為基礎，佐以各企業豐富的實作案例，協助王品集團透過精實管理促進同仁友善工作環境，提升營運產值，增加企業社會價值的雙贏效益。江守智老師輔導眾多企業，從中濃縮提煉出精實法則，提供企業通往高效增利的階梯。同時也是台灣企業面臨高齡化與缺工難題，急需突破困境尋求的新解法。

王品集團 **李威進** 營運長

江老師走入各個產業的工廠，從合理的角度去和現場人員做溝通，這本書將精實生產變成一趟輕鬆有趣的旅程。作者巧妙運用時事和流行來解釋複雜概念，讓讀者在案例中學會如何減少浪費、提高競爭力。通過豐富的實務經驗展示人員、物料、設備間的關聯，這本書實用，無論是管理者或對精實生產有興趣的讀者，都值得一讀。

台灣福興 **林子軒** 副總經理

身為企業領導者，成功的關鍵在於帶領團隊識別關鍵問題並制定具體解決方案。感謝江老師自 2019 年協助導入精實管理，讓我們有系統地解決服務產線瓶頸，促進卓越績效。他的第三本書焦點在「物、人、機」三大核心元素的交互作用，提供實用的改善方法與實戰案例，助企業靈活應對挑戰。非常推薦給在精實管理路上的同行者！

超秦集團（麥味登） **卓靖倫** 董事長

身為江顧問前兩本著作的忠實粉絲，感到非常榮幸能夠搶先開箱最新著作。一直很享受閱讀江顧問的書籍，透過筆者內心的 OS 及日常化的比喻，在專業度不減下，讀起來仍舊有趣創新。顧問看待企業流程的邏輯順序，包含物、停滯、人、切換、機、調適來貫穿全書，深入探討，給予無限啟發。

台中精機 黃怡穎 永續長

從 2018 年開始與江守智顧問合作，從巧克力、餅乾到麵包、蛋糕。他用年輕活力和溝通能力，幫助宏亞食品成功降低半成品庫存，並優化人力配置。他豐富的實戰經驗讓我們受益匪淺。江顧問的新書內容淺顯易懂，裡面有很多實用案例，能夠幫助各行各業的讀者，非常推薦！

宏亞食品 張云綺 董事長

守智顧問是充滿熱情的精實管理傳教士。透過他生動文筆下所呈現的企業現場，帶領我們看出許多問題的核心、同時他不藏私地把多年武功祕笈以及練功心法分享給讀者。推廣企業持續改善從小處做起。我們也期許透過學習精實管理來持續精進品質，實現公司願景，成為客戶開心品味時光的料理好夥伴。

桂冠食品 王亞倫 董事長

在「精實法則」這本書中，可以從中體驗作者過去豐富實務輔導經驗，本書撰寫內容用以淺顯易懂，既簡單又生活化的方式提出實務上會遭遇的問題和風險，並提供實用的解決方法。在看過這本書之後，相信能讓事業和人生更精實。

倉佑實業 **蘇祈祐**總經理

與史考特學弟合作最過癮之處，不在於他有多寬廣的跨產業經驗、或多厚實的顧問服務專業，而是在第一次合作啟始會議上，他的幽默風趣、旁徵博引，毫不費力地深入到幾十位主管及同仁的心、相信跟著史考特可以一起塑造全新的精實文化，至於後續的改造⋯⋯已經輕鬆許多。。

鉅鋼機械 **陳璟浩**總經理

個人一直很喜歡拜讀妙語如珠、「神力」過人的江顧問在社群平台或是雜誌上發表的文章，使用平易近人的案例，將硬梆梆的理論活化，讓我們能較輕鬆地應用。今年有幸邀請他來東台供應商大會分享「減少距離感；有效又有感」，字字句句都呼應近期工具機產業面臨到的挑戰與需轉型的方向，而豐富多元的產業經驗讓當下每個人受益匪淺！如今，江顧問將這些年遊歷江湖、四處仗義行俠（改善）的經歷寫下來，與大家分享。期待未來能有更多機會與江顧問合作，共創共好共榮的生態系。

東台精機 **嚴璐**副總經理

守智顧問對於企業提高獲利、工廠精實管理有獨到的見解與經驗，透過本書的對於人、物、機環環相扣的交互連結影響，讓讀者從中啟發出工作現場處處可改善的提案，進而適切的應用書中的情境與改善作法，做為提升競爭力有效地利器。我誠心推薦！

士林電機 **方瑜榮** 資深副總

旭榮與江守智顧問展開合作是在去年我們越南福東廠的廠務精實改進計畫，透過幾位同為製造業的好朋友介紹，找到了江顧問作為我們項目的推行者，在合作中讓我印象最深刻的，是有別於我們這麼多年的各項顧問專案，江顧問「創造結果」的執行方式！所以聽到當江顧問在出第三本書的時候，非常樂意有這個機會撰文推薦！在工廠生產的過程中，「魔鬼都在細節裡」這句話真的是充份體現！也希望有更多台灣產業界的朋友，能夠透過這本書，提升效率，翻轉流程，創造更大的價值！

旭榮集團 **黃冠華** 執行董事

身為政大 EMBA 的同學，我觀察江顧問許久，觀察結果發現，江顧問一直都很有邏輯、效率的改善問題，所以最終鼓起勇氣，請他協助改善海外工廠。感謝江顧問總能不斷切換視角，從老闆角度的經營壓力，到管理者的承上啟下，還能體恤基層員工的辛勞。能夠遇到有責任感、全局觀與豐富經驗的顧問，對富商企業是很大的福氣！推薦新書，裡面有非常多的寶藏，就看大家怎麼挖寶。

富商企業 **何鎧如** 總經理

海陸家赫專注於切削潤滑油品及其回收再利用，開創循環經濟新模式。我們致力流程優化以提升管理效能。幾年前我在社團活動接觸到江顧問的精實管理法則，帶來全新管理視野，激發了將精實管理融入公司核心運作的想法。合作後，團隊開始轉型之旅。物與情報流的思維使得資訊流顯著縮短等待時間，並在物料、設備及人員搭配上也有大幅改善。相信新書必能為營運管理者照亮前行之路，找到提升效率的具體策略！

海陸家赫　**曾煥龍**總經理

跟守智相識超過十年，看著他從青澀變成業界爭相合作的管理專家，不變的是他對專業的執著和對客戶需求的認真。他總能用生活化的比喻來解釋複雜的生產管理問題，讓同仁輕鬆理解、快速上手！特別高興看到他第三本書的問世，這幾年累積的輔導實戰經驗，成了《精實法則》的精華，絕對是一本值得細讀的好書！

聯華食品　**江志強**總經理

守智顧問輔導期間，與現場主管溝通找到可做為指標的改善點，開始盤點改善前後效益，運用改善的工具重新建立觀念，精實管理的價值在於重建思維，正確的目標及觀念讓幹部自行挖掘提出改善做法，定期課程及檢討，逐漸拉近甚至超越目標，現場管理自信心也顯著提高。想了解善用管理工具，守智顧問的著作能注入好的觀念，與他一席話對談，將會發現我們還有更多的可能性。

瓜瓜園　**邱裕翔**總經理

毛寶於 2022 年經業界好友引薦，結識江守智顧問，並邀請他協助進行輔導改善。江顧問從精實管理的七大浪費概念出發，透過人機分離、節拍時間、山積表等工具的詳細解說，並親臨生產現場觀察，與主管深入研討，為毛寶超過 30 年的生產方式注入熱情活力，開啟全新作業模式。江顧問今年出版新作《精實法則》，集結近年來的輔導精華，提供嚴謹卻易懂的精實管理進階解析，期望為企業在快速變遷的時代帶來更多思考與能量。

毛寶 陳逸弘 總經理

獻給台灣企業的精實管理實戰手冊

　　這是我的第三本書。前兩本賣得還不錯，加起來超過二十刷的成績，為什麼不見好就收，還要往第三本邁進呢？其實來自於一家上市電機大廠總經理給我的鼓勵，他說公司會把我分享的顧問輔導紀錄在廠內集結整理成冊，作為內部中高階主管的學習教材，這對我來說是一種莫大的榮幸，也是一個強烈的信號：實戰經驗對於企業來說具有不可忽視的價值。

　　每年在台灣出版的商業書籍，多以台灣人寫的理財投資，與歐美中日作者的策略、行銷書籍為大宗，較少看到探討流程與製造端的實際改善書籍。許多管理理論雖有其價值，卻往往缺乏現場應用的細節與真實情境的呈現，簡單來說就是「看完覺得有道理，不知如何用在公司裡」。

　　台灣的製造業在後疫情時代，正面臨著前所未有的挑戰：市場需求的不確定性、供應鏈的不穩定性，以及內部資源的有限性。這些問題都需要更具體、更務實的解決方案，所以書名我才選用「法則」而非「策略」，就是想要解決這個需求缺口。

　　購買這本書的理由很簡單：這是一本經過實踐檢驗的案例集。從 2021 年 11 月開始，我持續在臉書、Line 等社群分享，超過

60 家以上的企業、200 篇的輔導紀錄與診斷報告，總字數甚至超過 40 萬字，然後在這本書中我重新精煉，賦予論述，總結成 10 萬字內容。這些資料並不是高高在上的理論，而是來自於真實的企業挑戰和解決方案。

這本書的價值不僅在於它涵蓋了不同產業、公司的真實觀察，更在於它挑戰了精實管理的傳統教義，並且提供了適應現場變化的實際應用。每個章節都是從大量的企業實踐中提煉出的精華，這不是簡單的理論堆砌，而是企業轉型和流程優化的深入解析。我誠摯邀請您一起來探索這些實際改善案例，感受企業在面對挑戰時所做出的翻轉與創新。相信這本書會讓您不只理解理論，更能從中獲得實際應用的啟發。

最後想要感謝老婆千淇以及女兒 Lilian、兒子 Austin，還有家人們給予我的一切後盾與支持。也謝謝自己在無數個晚上用意志力撐過來，才有今天這本書的出現。

作者 江守智
20241021 晚

解決企業問題的六大精實流程

在製造現場或服務流程中，所有問題基本上都圍繞三個核心元素：物、人、機（設備）。這些元素彼此密不可分，任何一個問題都不可能只從單一元素出發來解決。正因如此，我將這本書的架構設計為不僅探討每個元素本身的問題，更深入分析探討它們之間的交互作用。

書中的六大章節分別是**「物」**、**「停滯」**、**「人」**、**「切換」**、**「機」**與**「調適」**。這個順序同時也是我作為企業顧問輔導改善時，看待企業問題時的邏輯流程。

① 首先，我們從「物」開始，因為在現場，物料是最容易被看到和掌握的。不管是原材料、半成品、完成品，甚至是副資材，這些物料都是企業承載價值的載體。**我們如何保管、處理這些物料，直接影響生產效率與成本。**

② 然而，當你仔細觀察這些物時，會發現很多物料在現場其實是處於「停滯」狀態。**為什麼會停滯，該怎麼減少停滯與其影響就是本章重點。**甚至我們可以這麼說：價值以外的時間基本上都是人所造成的。。

③ 「人」是創造價值的核心，因此我特別強調，員工不應該像稻草人般僅具備外在形式，而應發揮真正的靈魂角色。然而，每個人都是不同的，究竟要關注人性中哪些面向，將在書中詳細討論。**有人，他可以對物的停滯產生影響，也能夠對設備的切換產生幫助。**

④ 人與設備的交互作用中，我認為「切換」是特別需要關注的一點。切換指的是生產設備或流程的調整，特別是為了應對需求變動時的靈活性。**如何在切換中平衡需求變化與生產穩定性，是人與設備協同合作的關鍵。**

⑤ 接著是「機」也就是設備。從工業革命開始，設備就一直是協助人類進行生產的重要工具。隨著自動化技術的發展，設備在生產中的比例越來越高，如何有效管理設備已成為企業不可忽視的課題。**設備的好壞不僅影響生產效率，還對整個生產流程的穩定性產生重大影響。**

⑥ 最後，我們來談「調適」，這是設備與物料之間的協同關係。許多公司抱怨物料的變異性大，難以實現自動化，或是自動化設備無法應對越來越多的客製化需求。這個問題的核心在於物料與設備之間的適應和調整，而不僅僅是人的問題。**如果企業希望在自動化浪潮中脫穎而出，必須正視這個調適過程。**

這本書的六大章節將逐一深入探討這些主題，提供台灣企業的實際案例，希望這些內容能為讀者帶來新的啟發，讓大家在面對複雜的製造與服務環境時，有更多實踐的方法與策略可參考。

本書最後也會附上問題診斷表，提供給大家發現問題的切入點。接下來一起加油吧！

本書附贈企業問題
診斷表下載
https://dub.sh/lean

第一章

物

承載價值的產物

最簡單的豐田七原則，最極致的物品管理效率

○ 和泰汽車重劍無鋒的物流管理實踐 ○

在新冠疫情期間，仍有機會帶著台灣不同產業的中高階主管們一行共五十人到和泰汽車位於桃園楊梅的物流中心參訪，從供應鏈管理到內部庫存控管，都讓人無比驚艷。然而最讓我上心的反而是公司內部物料管理的「存放七原則」，因為對我來說這原則就像是金庸武俠小說《神鵰俠侶》中所提及的劍魔獨孤求敗，手持玄鐵重劍「重劍無鋒，大巧不工」一般，看似不起眼卻是紮紮實實的硬道理。

你當然可以說業務品質跟採購決策很重要，所以要從源頭把關起；又或者以生管跟製造的角度來說，最好買進來後趕快排上線生產，趕緊做完就出貨就沒有煩惱。**然而身處在功能單位，你很難要求主管們都要開上帝視角，用全知全能的概念看透所有可能。**既然物料購入到使用之間會有停滯的可能性，那就來看看要怎麼管理比較好吧！

原則① 一品一位

所謂的「一品一位」係指一個品項料號，在公司內部倉儲就只能有單一個儲位對應。目的是希望讓物料找尋拿取、盤點管理上

可以單純，不要有這麼多「分靈體」在廠內，同事又不是哈利波特還要一個個找出來破壞。

當我們能做到一品一位時，再搭配清楚易懂的現場標示像是儲區編號等，能夠讓人員減少找錯、拿錯的機率，並且也讓空間利用率提高。日常生活中你大概可以想像去寶雅、振宇五金等大型賣場，東西擺放有明確分類、不重複擺放。

就像是這樣的場景：

你問店員說：「小姐，請問一下有沒有賣半島鐵盒？」

店員就說：「有啊，你從前面右轉的第二排架子上就有。」

當然一品一位有個很重要的前提是，公司內的物料必須先清除不必要的呆滯物料，後續才好進行儲位規劃。這樣做的好處是什麼呢？

- **限制庫存量**：因為如果只有單一儲位，在哪裡、有多少量，管理者很容易設定庫存上下限，也方便管理。
- **作業效率高**：因為東西都放在一樣的地方，人員節省許多找料時間。而且先進先出管理也變得容易。

然而真要說缺點的話，就是需要定期調整庫位。因為公司產品本身就可能會有淡旺季需求或產品生命週期的差異，如果沒有定期調整庫位大小，就會發現庫位越來越大但收容效率越來越差。定期整理不只是庫位優化，更是盤點現有庫存、評估未來需求的重要動作。

當然還是有不死心的公司曾問過說究竟怎麼樣的條件才能適合

「一物多位」的儲存方式呢？我會說是「自動倉儲」，因為：

1 庫存量在出入庫時都可以透過刷條碼或 RFID 自行掌握。

2 揀貨備料都是機械設備來做，人員無需費時找料、移動。

3 先進先出的需求可交給系統識別、分配。

你唯一要擔心的事情就是工程費用與所需空間而已（笑）。

一物一位	一物多位
以庫位大小來限制庫存量	庫存不容易掌握具體數量、存放時間
物料要使用時容易找尋	物料進廠時存放簡單
需要定期調整庫位（淡旺季、景氣需求）	除非有資訊系統輔助，否則備料困難、先進先出不易

⑨ 原則② 品目集約

「品目集約」簡單來說就是把相似物料零件集中保管，例如冰箱裡的肉類跟葉菜類分開放置，又或者扣件類會集中用藍色塑膠盒管理。這麼做的用意一來是可以減少空間浪費，不然要是你左邊直立擺放著電子吸塵器，右手邊打算放置掃地機器人，因為兩者高度有別，如果一起放置就會有「空氣保管」的浪費損失在。

再者，因為品目集約也會因為相似物料放在一起而讓揀貨人員的作業效率變好，也不易疏忽遺漏進而能確保品質。**如果擔心會因為品目集約而導致相似物料拿錯的可能，用物料編號區別是最基本的作法，**進階版本則可以用實際照片呈現並用紅色圓圈標註

需留意之處。最終因為照片是平面呈現的關係，如果有必要還能夠以 3D 版本的實際產品呈現。

◎ 原則③ 流動性存放

「流動性存放」就像是 5S 管理：整理、整頓、清掃、清潔、素養裡的「整頓」，如何讓需要的東西在需要的時候可以迅速取出。然而倉庫中的物料品項成千上萬種，要怎麼樣才能夠做到迅速取出呢？於是就有了最理性的做法，那就是依照「流動性」進行規劃。

簡單來說，就是把現場最常使用的東西放在最好取拿的蛋黃區，例如每天都要用到的放在蛋黃區，每週僅拿到一兩次的物料就放在蛋白區，最後是每個月可能只用到一兩次的就放在蛋殼區。你可能會問說什麼是蛋黃區，離作業區域近的、比鄰走道的庫位就是優先選擇。這麼一來對整體來說，作業人員為了拿取物料所花費的總移動距離會最少，也符合公司期待的效益。

到目前為止，前三項都是針對物料管理大分類的準則，讓大家知道滿手物料可以怎麼分類的規則。接下來就要開始針對單一儲位裡的物料應該要注意哪些細節，讓我們繼續看下去。

◎ 原則④ 垂直擺放

想像一下在好市多的家電區，你看到 85 吋的大尺寸螢幕放在紙箱中，但卻是在木棧板上橫躺疊了四五層。這時候聰明的你心

裡一定會出現第一個疑問:「誒～最底下哪一台會不會壓壞呢?」

再來你真的想買時,看到最上面那一箱外箱髒污受損,想要往下一箱拿時卻發現有夠麻煩。不像你在全聯拿鮮奶的時候,如果想要拿後面幾瓶可以輕而易舉拿到(誰這麼沒品?!),**所以水平放置會讓大型物件不易拿取,甚至會因為堆疊突出造成人員經過時受傷風險及阻礙動線。**

如果我們能夠把長度較長的物料改為垂直擺放,就像是把書本立起來擺放,除了可以有效利用立體空間,也不會因產品重壓而損毀,更能夠讓物料容易拿取。最後也不會有工安危害的風險。

◎ 原則⑤ 重物低放

「我們不能決定生命的長度,但能夠決定生命的寬度。」這是很常聽到的心靈雞湯,讓我改寫成:「**我們不能決定物料的重量,但能夠決定存放的高度。**」對於倉儲物料的存放來說,單一產品超過五公斤者,盡可能放在靠近地面的最下層。

目的是減少作業人員的負擔,想像一下如果重物需要依靠人員搬到第二層甚至第三層料架上,意味著有人需要用力把重物進行垂直向的移動。垂直搬運會比水平搬運費力,而重物低放就能夠節省很多升降的動作。

在台灣的我們還有另外一層安全的考量,因為台灣位處歐亞板塊交界處而地震頻發,更應該要把鑄件、大型模具、馬達等重物設定在低處存放,才能避免地震掉落的風險。

⊚ 原則⑥ 易於拿取

工作要簡單做、容易做，所以位處人員腰部到胸部的庫位要優先使用，就像是便利超商的上架費也是這一段高度的最貴，因為這是人類眼睛觀看、雙手拿取的黃金區段。**所以作業人員不需要高攀低就（意指墊高腳尖或彎腰蹲低來拿物料），也讓作業人員方便在作業中檢查物品狀況。**

千萬不要小看拿取便利性對現場作業的影響，如果你一天可能只拿個一兩次，那還覺得無傷大雅。但如果你是以揀貨為主的工作者，每天超過兩三千次的取拿動作，哪怕少一秒、短一步都值得我們去努力。

⊚ 原則⑦ 異常管理

管理的目的就是希望想控制的事情都能一帆風順，但要怎麼設想周全，把極少發生或異常情況都考慮周到？例如倉儲料架不把最上層當作正常庫位規劃，畢竟它也不容易拿取，但如果正常庫位滿載時就可以啟動備援機制，將物料暫放在料架最上層。

另外還有庫存量的異常管理。因為有固定儲位，然後又做好先進先出，保持產品的流動性，我們接著就可以設定各儲位的最小庫存量，到這為止大家都會做。但我們更需要管理的反而是「最大庫存量」。因為既然要有流動性，最大量就有變成停滯的可能性，不可不慎！

過往也曾在台中慧國工業看到公司有設定「貨架高度管理」，

透過有意識地設定全廠貨架高度，其目的是打造一個正常／異常能夠一目瞭然的目視化管理環境，既能避免工安危險，更重要的是公司就需要更積極地降低庫存量。

◎ 物料管理不是重點，本質上的減少才是

雖然花了篇幅好好介紹物料管理的七大原則，希望帶給大家完整的概念。實務上我曾在台中豐原某汽機車傳動軸廠被問到，現場團隊均反應倉儲區域的標示不明、缺乏整理、未有專責人員等。

但我想要提醒大家的就是：「不要把預想對策當作是原因。」例如原因寫未有專責人員，那對策不就是設一位專門人員就能迎刃而解嗎？可是問題的重點不是在於人員，而是真因究竟在哪？

> 物料、半成品或完成品的重點向來
> 都不是管理，而是「本質上的減少」。

一百件衣服的衣櫃怎麼樣也沒有十件衣服的衣櫃來得簡單易懂。就算這篇在談物料存放的原則，還是希望大家可以把目光放在如果減少物料本身的數量、停滯時間上。這才是正本清源之道，共勉之！

物品保管七原則

原則	作法	好處
一品一位	一種產品就一個儲位	庫存管理方便 / 東西好找好拿
品目集約	相似品項就集中管理	避免空間浪費 / 東西好找好拿
流動性存放	依照使用頻率規劃儲位 越常用的放越近	減少人員步行距離
垂直擺放	長度較長的立起來放	避免重壓毀損 / 避免工安危險 / 拿取容易
重物低放	越重的要放越低	減少人員負擔 / 避免工安危險
易於拿取	物品擺放方式要好拿	提高人員效率
異常管理	臨時暫存區規劃 異常如何一目瞭然	避免突發異常的對應損失

採購貪便宜？卻忘了過量增加更多成本

— ○ 台灣消費品大廠最常遭遇的採購批量問題改善 ○ —

不論在哪種產業的精實管理輔導過程中，**有個最難被征服的山頭就是「採購批量」，而且採購過量的問題往往會被其他現象所掩蓋！**就像我在雲林某家畜牧食品加工廠輔導時所遇到的情況一樣。

那天下午，團隊說要改善物料倉的人員效率，理由是因為有非常多的無效作業工時，像是移倉、定位、找尋等。所以報告的課長說預計要用兩個月的時間進行人員作業工時的觀測紀錄，為後續改善做好數據資料的準備。

但我在台下越聽越覺得怪怪的，無效作業不就來自於爆倉？（倉庫物料儲放過多，甚至佔用到走道空間）之所以會爆倉，源頭不就是因為採買物料時太早買、買太多甚至亂買所造成的嗎？後來經過跟大家討論後就馬上調整改善案的方向，先從採購作法的優化做起。

然而不是每家企業都有推動精實改善的經驗，瞭解「批量」可能的風險。

◎ 大量採購的問題

例如我剛開始在新竹某化工消費品企業輔導時，團隊很堅持告訴我：「老師，我們如果瓶子不買這個量，單價就降不下來。財務說這樣成本會太高耶！」例如瓶子一次買兩萬支，一支只算五元。現在如果只買五千支，廠商會說他們生產成本、運輸費用都會墊高，一支要賣八元才行。

看起來「買少不買多」確實會讓生產成本墊高，但是這僅是從數字上來看。如果大量採購對於實際營運端會有什麼問題呢？

問題	說明
場地的浪費	可以從年租金／坪作為衡量單位，例如在雲林可能一坪年租金在 3,000 元到 5,000 元之間。大量採購看似便宜，卻佔據極大空間，甚至會犧牲未來可能。往後如果還有其他物料需要進來，沒得放甚至還需要租借外面的其他廠房來使用。
人員的浪費	查詢、找尋、準備物料的工時，甚至儲位都不應該只是存在腦中記憶，更不用說表單、流程上的疊床架屋。這些多餘物料所衍生出來的工時其實都可以透過源頭採購端的管理來避免。
品質的風險	東西放久了就有變質的可能性，往往還需要人員定期點檢、保養。或是像鋼捲等物料，材質、顏色、厚度各異，少量多樣的趨勢下，庫存量的管理就成了公司的經營重點。例如同一種類的材料如果有不同放置區，一來不好找尋取拿，再者先進先出也不易完成，甚至堆疊久了下層物料還會有變形的疑慮。

物料零組件要策略性採購當然沒有問題，特別是從新冠疫情開始以後，如果誰還高談闊論什麼零庫存，無疑就是不食人間煙火。只是我還是要提醒不要把這幾年的「環境異常」當作是庫存拉高的合理化藉口。**依照供應商交貨週期（L/T）跟最小訂購量（MOQ）除了設定安全庫存量，最好也要設定「最大庫存量」當作天花板上限以避免過量採購的風險。**

也曾有企業問到，來自海外的原料需要大批量訂購，不然供應端的報價會有價差，以及船期的考量，所以一定要滿櫃採購。但提供一個思考的切入點，**就是「價差與運費」vs.「倉儲成本與資本利息」究竟孰輕孰重？會不會有個交叉點**，過了以後反而能跟供應端談小批量的可能。接下來就讓我們用下面篇幅來談談取捨的問題。

為什麼我會建議採購數量降低？

想要降低採購數量，首先就要做好面對老闆質詢的準備。「你買多一點哪有差？反正最後都會用掉」、「買多一點真的比較便宜」，溝通就成了很重要的課題，更不用說處在家族企業兩代之間。**溝通是顧問必備的技能，我的建議不是辯論對錯，而是準備好後續具體的方案，再回過頭表明這樣做的好處**，長輩或長官的疑慮通常來自於怕下屬沒有準備好，而不一定是對錯。

採購 MOQ 換取便宜的單價重要？還是總價重要？其實更重要的是「持有時間」。如果供應商有強勢的議價能力，甚至要求每個月的訂購量呢？簡而言之是取捨問題，不會買到不需要或出不

完的貨才是目的，那麼其他方面都可以重新衡量。

在消費品產業的輔導中，就有採購作法調整的實際案例。公司目前需求是 150kg，供應商說單價是每公斤 25 元；但如果一次購買 450kg，每公斤降 5 元。

A 方案：150kg*25 元 =3750 元
B 方案：450kg*20 元 =9000 元

為什麼我會建議 A 方案而非 B 案呢？基於以下四個理由：

1 B 方案一次性支付金額高。

2 B 方案資金回收週期長。

3 B 方案庫存佔地面積多。

4 B 方案庫存變質風險、管理成本。

如何讓業務端有更好的採購量控管？

跟採購極度相關的是業務單位對於訂單需求的預估會不會準？如果很準當然沒話說，但通常十賭九輸，對公司的銷售預估、採購計畫就會造成很大的影響，作為顧問的我或許可以不負責任、雙手一攤說：「那你們要瞭解客戶，不然要跟供應商交涉啊」，但總是會有一些長交期物料需要提前備貨或是供應商 MOQ 的限制，這時候在管理面我們可以怎麼做呢？

設定倍率關係，讓採購人員遵行有所依歸

例如：

單價 200 元以上的零組件，我們接受訂單需求跟零件 MOQ 最多 2 倍差距。

單價 80~200 元間的零組件，我們接受訂單需求跟零件 MOQ 最多 4 倍差距。

單價 80 元以下的零組件，我們接受訂單需求跟零件 MOQ 最多 6 倍差距。

如果我們想要做好生意，要嘛說服供應商降低 MOQ，不然就是要說服客戶提高採購量。 另外透過明確標準的建立，讓人員有遵循的基準可供參考，避免因人設事的情況出現。

✎ 給業務單位年度失敗預算

例如給業務單位的陳 sir 一年 1,000 萬的失敗預算，如果該次訂單預測失準，造成公司 200 萬的損失，就從失敗預算中扣除。這樣的額度控管會讓大家在決策時謹慎思考。當你上半年度肆無忌憚造成失敗預算迅速消耗，那下半年自然就會往保守端靠攏。**重點是希望業務人員在下決策時能夠有憑有據、謹慎小心。**

在年度預算中要求業務單位制定「失敗成本」，每年檢討修正，畢竟長交期物料需要提早備料這件事本身就存在著風險，但業務端的「合約品質」本就需要靠自身去努力維持。所以透過失敗成本列入預算的設計，要是超標就會影響自身業績獎金，可又有失敗成本的保障在，一來一往間希望能夠越來越好。

MOQ 最小訂購量有幾件可以來談的事情，在淡季時我們業務單位給客戶的 MOQ 越小對客戶來說越有吸引力。但接單前我們也要努力跟供應商談 MOQ 的降低，就算無法完全匹配，至少也

要成倍數關係。而生產端要努力的就是讓交期越短越好。業務人員的心中必須對兩個 L/T 時間（註：L/T 時間指的是該動作從開始到結束的時間）要夠清楚：

- 採購 L/T（採購下訂單到物料進廠的時間）
- 生產 L/T（生產開始到成品產出的時間）

如果訂單的交期大於上述兩者相加，那麼我們就無需預作。而如果客戶需求速度快一點，那我們至少也能夠要求安全庫存的合理性。

採購數量降低後的生產對應

在那一次顧問案中，油品公司透過上述兩個 L/T 時間的認知，開始有意識地跟供應商討論採購時間點與頻率，讓原料庫存金額從原本 6M 降至 3M 的水準，這對於景氣寒冬時非常重要！會議中我請團隊要注意不要只看庫存的絕對值，而要看「相對值」，也就是將月底庫存金額除以出貨金額，就可以知道庫存天數的差異。而公司從 30 天左右的庫存水位降至 15 天的庫存水位，這絕對是個好方向！

公司總經理也說明接下來會針對庫存進行分類管控，常有人會誤解所謂精實管理就是降庫存而已，更有甚者還說要做到「零庫存」，我就問一句如果供應商比你大，你去找誰玩零庫存？**有些原物料你可能當期貨在囤，有些完成品你只能聽客戶說要建 HUB 倉（東西不屬於客戶，賣出去多少，客戶就給多少錢），**

但至少半成品是你可以控制的重點。

> **我們應該有的正確三觀是──**
> **「不要把庫存當作應付各種問題的臨時解」。**

但採購數量降低，會不會有隨之而來的風險？用期望值的角度來看，風險出現機率低，我們要擁抱 MOQ 降低帶來的效益，至於突然大單的出現怎麼辦？那就看我們的緊急對應是什麼？例如平時有沒有第二供應商？是否可採購市售件等？

MOQ 的存在某方面是「供應鏈的信任程度」問題，因為我不知道你下次會不會買？會隔多久才買？一次買的量夠不夠？所以我才會想要限制最小採購量。當然，換模換線等切換成本的確也是重點。

所以當我們在與供應商重新議定供應量、交期等條件時，要如何做好事前準備工作呢？有四點要請大家注意：

1 公司內部在初期先保留適量安全庫存（如同建廠的先行庫存）。

2 第二供應商的尋找。

3 領導層承擔短期失敗成本與風險。

4 親自向供應商說明公司目的，並給出承諾。

針對第四點，例如我們要求供應商依照指定需求日交付，但每月訂單數量會在月底結清（定時不定量）。我們也可以要求供應

商依照需求數量交付，但設定每月訂單數量在月底結清（定量不定時）。這就是雙方協商下的最大公因數。

最後要怎麼證明減少採購數量，對公司真的能產生具體效益呢？如果只是說最小訂購量 MOQ 從 5000 件降為 2500 件，交貨週期 L/T 從 45 天降為 30 天，像是這些效益看似不錯，可是要怎麼感受到實際差異呢？

我們可以拿出某年某月的當月訂單，用改善前的 MOQ 跟 L/T 去模擬資金需求量與變現週期，就會發現前後差異。特別是資金部分，如果把資金節省下來，把它放在美金定存享受 3% 以上的利息收入，只能說不香嗎（笑），想要用一篇文章的篇幅就改變過去數十年大家習以為常的做法確實有難度，但更期待大家都能夠先踏出一步，好好檢視大批量帶來的問題，一起加油吧！

MOQ 物料的管理對策	關鍵概念	好處
設定倍率關係 讓採購人員有所依歸	可依照零件單價，設定訂單需求量與採購 MOQ 的最多倍數差距	設定好天花板 不讓採購無限上綱
給業務單位 年度失敗預算	給年度失敗預算 讓業務人員斟酌評估使用	讓業務每次決策時 都能夠謹慎思考
重視採購 L/T 以及生產 L/T	透過客戶需求交期與兩者的相比，追求庫存最小	有明確數據 可供經營團隊參考
第二供應商的找尋	對於供應鏈強韌程度的異常備案	雖然追求信任關係 但也要防患於未然

1-3

從減少客戶的選擇，來提高你的達成效率

◦ 台灣製鞋設備廠的高客製化難題如何提高達成率 ◦

　　在沒有遇到機械相關產業前，不要說你懂什麼叫客製化，因為那個賣標準機就可以盆滿鉢滿的時代已經過了。這幾年因為工作的關係，跟台灣近四十間工具機、機械零組件、產業機械廠有合作交流關係，這時候會發現客戶端會因為產業特性、產品需求、場地環境等而有各種客製化需求。

　　「計畫趕不上變化，變化趕不上客戶的一句話。」、「客戶虐我千千遍，我待客戶如初戀。」相信正在閱讀這篇文章的研發相關人員會心有戚戚焉。因為客製化接單過程中可能會遇到像這些問題：

- **前期洽詢階段**：溝通成本、長交期物料的備料。
- **中期製作階段**：設計變更、內部品質效率造成交期變更。
- **驗收交貨階段**：船期或客戶場地時間、驗收異常。

　　我們會希望每一個客製化專案都能夠如期完成，達成率過低不僅在業務、研發、製造與採購端會搶奪資源而影響公司整體運營，在業界風評也會大受影響。不過讓我們先定義清楚「達成率」這件事，**「比例」很容易成為數字化管理隱含的盲點**，我會想先知道未達標部分是差多少？如果目標是交期 15 天，那

是落在 16.17 天的多，還是落在 30.35 天的多呢？如果只看達成率，遲到一天或十天都是遲到啊！

接下來是把內部流程依照節點分開，讓我們以實際數據觀察每一段都如期嗎？還是哪一段最拖？我們才能針對問題對症下藥。

當產品客製化程度高時，我們要怎麼提高達成率呢？有三件事情可以努力：

① 把不可控的因素盡量往前放

最前端的客戶需求探詢，不應該只是開放性問句，而是設計選項供其選擇。

與其在不停往返過程中，需要客戶的審核、確認甚至更動，不如盡可能把不可控因素往前放，例如由我方主動設計問卷、題庫，不是讓客戶給一張空白考卷回答問題，而是出好選擇題讓客戶選擇。

星巴克店員會詢問客人說：「早安，今天要來點什麼呢？」，麥當勞則是在你臨櫃時問說：「今天要吃幾號餐呢？」你會發現能夠出是非題，就不要出選擇題；如果能出選擇題，就不要出問答題。**減少客戶選擇的範圍，就能夠減少變數的發生。**

② 把內部討論改為客戶參與

畢竟設計開發案最終決定者都是客戶（你要說甲方爸爸或大魔王也行啦！）所以內部討論也是一種不確定性，既然如此，不如盡量把客戶拉進來。客戶不願意怎麼辦？如果 15 天是你我都想要的目標，那麼就一定需要客戶的配合程度。

其實所謂的拉進來也是一種精實管理概念的應用，**透過小批量多回次的溝通，才能夠瞭解客戶真正的需求。**不要妄想閉關修煉能夠突破武功境界，因為當你沒有交流互動，蹉跎的只是時間而已。

我們要追求的「不是」蓄勢待發後一擊必殺，也就是花大量時間人力思考並設計好方案，然後期望客戶一看到提案就直接買單。因為客製化產品，客人會手癢、會有想法，不改？對不起自己多付出的錢啊！

所以我們不要一開始就覺得要端出完成度 90% 的產品，而是以 60% 為基準，推出 MVP 最小可行性產品，利用同步工程快速迭代。而對外則是以留存率為觀察重點，從不同客戶的面貌去了解各自在意重點，讓工程師能夠對症下藥。例如技術背景的客戶喜歡談規格、有些客戶著重購後效益，我們的提案重點方向就會不同。

③ 善用通訊工具與方法

前兩者的時空距離其實都可以透過視訊會議、通訊軟體、雲端

協作等，讓溝通更便利。例如過往客戶需要從供應商端請他們寄送樣品給設備製造商瞭解規格、工法，但一來一往就需要兩天以上的時間。但其實很有可能只需要拍照、影片、量測等就可以，不見得需要眼見為憑。

前面所談的方法是站在我方角度內省，這些固然重要，**但我也想要提醒台灣眾多企業主管──「客戶不是上帝」**。因為參與過太多內部會議，明明有些問題是客戶強取豪奪、蠻橫無理所造成的，但大家卻連哼聲的勇氣都沒有。就像泰國清邁大象訓練學校的故事一樣，客戶就像是馴象師，在我們規模還小時就用鐵鍊（需求規範）鉗住我們的腳，哪怕我們越長越大，那根深蒂固無法抗拒的觀念束縛，就讓我們失去探索各種新的可能性。讓我們來看看以下企業案例：

◎ 客戶不是上帝，是互動的戀人

工業用潤滑油公司的貨車是每天從倉庫發車，先是載貨到客戶端，再到自家工廠載運完成品回倉庫。然而客戶有時會要求我們收回空桶或協助廢油回收，這就會影響當天的計畫安排。

作為顧問，很多時候我們必須要慎防自己掉入大家思考的坑，跳脫出來用不同的角度思考並解決問題。以上面的實際案例來說，我們不應該討論怎麼設計貨車儲位、請業務事前確認，因為對於空桶、廢棄物的處理，客戶端通常都是不定量也不定時，我們要再去載完成品是我們家自己內部的事，你送貨時的回收空檔跟廢棄物處理是有價值（收費）的，那該怎麼辦嗎？

我的建議是：「給客戶一個規則。」讓其逐漸熟悉，例如我們就固定每週二五去收空桶跟廢棄物，其他時間就是固定車趟運作。只要把方案列出來，能夠減少浪費並且使效益最大化，那我就覺得值得去嘗試。

這樣做究竟有什麼好處呢？其實重點有兩個：

✏ 一、養成客戶習慣

客戶過往不定時不定量，不一定是刻意為之，你沒特別講，那大家就是福至心靈一想到就呼之即來。所以倒過來換我們制定規則來讓他們養成習慣。你說怎麼可能？那你跑銀行三點半是為了什麼？博客來也是傍晚前訂，隔天就能夠取貨呢！所以像是：送貨班表、最晚下單時間點都是好方法。

團隊猶豫地問說這樣會不會影響客戶信賴甚至訂單？我說企業還小的時候，你可以什麼訂單都接，但是隨著公司變大，我們無法滿足所有人的需求，本身就會有目標客戶（TA）跟市場取捨的問題。你不趁規模尚小時做，等到規模大時，要做更是動搖國本的影響。

✏ 二、內部便於管理

往後司機趟次就分成兩種類型，一種叫做專業載貨，另外一種就是專業收空桶跟廢棄物。因為分類清楚，所以每個人的職掌、工作頻率、花費時間、作業方式等都可以更加細膩操作，也更好管理。

如果你是請司機載貨時「順便」收空桶跟廢棄物回來，那麼司

機就不會覺得這是必要的工作內容，不管是公司臨時囑託或是現場客戶要求，可能迎來的都是白眼嘆氣的不耐煩表情，甚至還聽過「我也可以不要幫忙」這樣的回覆。然而如果這是他專業的工作內容，那麼站在公司角度就可以合理要求。

◎ 客製化更需要內部溝通無礙

一般企業往往在設計開發階段時單兵作戰，然後到初期試做參與人數漸多，到量產階段投入人力與時間最多。這樣的問題在於如果初期設計開發階段出現問題或無法反應真實現況，到最後反而需要很多人力、精神、時間去補救。

而豐田汽車善於利用「同步工程」：也就是設計開發階段即投入相對多的人力，包含設計、採購、營業、製造等一同在前期就針對所有可能問題、流程設計、產品製作等進行充分討論再試做，最後進入到量產階段反而能夠大量減少問題發生。

在台中製鞋設備廠，我們也透過這樣的方式讓初期資料完整度提升、開發時程縮短並減少機台重大缺陷的發生。甚至一開始大家會有疑慮同步工程是否要在前期討論花費過多人力時間，結果事後調查發現跟過往人力投入方式也相去不遠。**因為在同步工程會議是透過小批量多回次的溝通方式進行，不是那種冗長沉悶的檢討大會，所以時間運用也相對有效率。**

開發設計		
試作階段		
量產階段		

初期僅有設計開發人員負責，隨著程進推展，參與相關單位人員越來越多，意見或問題也隨之湧現。造成反覆修改跟情報斷鏈的問題。

初期就讓後工序相關人員參與進來，從設計階段開始就把後續量產可能會有的問題思考進去。讓整體總成本最小的作法。

◎ 客製化也需要對客戶大小眼

機械廠的售後服務單位對於近年的客戶廠房問題，經商議後會特別標註客戶名單，後續業務接單時會特別注意。我笑著說：「阿這不就是奧客黑名單嗎？」不過接下來我特別提醒，如果近一年來 18 件客戶廠房問題集中在少數客戶的話，那設定奧客名單無可厚非。但如果都是不重複客戶的話，應該要好好檢討自己才對。

相反地，客戶常有臨時需求的請託，如果是不重複的廠商請託就算了，我們要注意的是那種重複性高的客戶臨時請託（例如固定某些產業會這樣凹、每幾家特別客戶就愛這一味），因為這就要檢討自己，**是不是遇到這樣類型的客戶要有明確的流程去避免凹單的情況。**

高度客製化的單位，因為客戶產品的再現性低，我們可以收集、整理的不是標準，而是依照產業屬性、公司特性、產品差

異列舉過往情景與作法，給後續工作者參考

> ## 這不是要追求效率，而是希望提高成功率、
> ## 減少品質問題的「參考依據」。

　　近年來有越來越多產業或公司都開始感受到消費族群分級細化所產生的客製化需求，內部生產端就是要努力往小批量生產、快速換模換線去努力。但這篇的存在就是希望大家同時也要注意業務行為、組織協作以及客戶管理的重要性，讓我們一起加油吧！

客製化產品對策	關鍵概念	期望效果
不可控因素 往前放	能夠是非題，就不要選擇題 能夠選擇題，就不要問答題	限縮範圍 減少客戶決策的變化
把內部討論 改為客戶參與	小批量多回次的溝通頻率 讓客戶即時知道我們的進度	避免內部資源投入浪費 即時修正客戶需求方向
善用通訊工具	從傳統眼見為憑的作法 善用科技工具縮減時空距離	減少實體會議移動 讓討論更即時

1-4

提升檢驗效率的三支箭：盤點、目的、優化

○ 台灣機械大廠改善零組件檢驗流程的具體方法 ○

在南部炎熱的夏日午後，我跟台灣某機械大廠的經營團隊一同巡視製造現場。首站就來到進料待驗區，超過五個棧板的各類物料，從鈑金到鑄件應有盡有。

我轉頭問了主管說：「這邊的待驗物料要多久才能驗完給現場？」

主管答：「平均應該在五到十天可以驗完，就看來料多寡及品保單位的工作負荷情況。」主管給了我一個非常大的範圍，算是進可攻退可守的回覆技巧。

但是就以檢驗時間用五天來看，其背後代表的意思是廠商已經交貨進來，所以已經確定要支付貨款。但我們卻無法讓這批物料往下繼續生產製造，**也就是還沒有完工收貨款的可能性，只有付錢的可行性。細思極恐的現金週轉天數呢！**

檢驗雖可恥，卻很有效？

對某些產業來說，與供應商合作初期透過嚴謹的篩選、定期稽核改善等機制，讓供貨過程的檢驗作業成本降低，是很常見的做

法。但不是每一種產業都具備這樣的特性，例如客製化程度高、產品再現性低、組裝精度要求高、組裝失敗成本高的公司，相對就需要完整、詳細、確實的物料要求。

然而檢驗就能夠代表沒有問題嗎？一開始認為設定好抽檢規則並做好統計品管就好，但出了一次客訴事件就寫報告說：「我們會加強人員教育訓練。」，然後回到公司裡就把原本抽檢改成全檢。主管雖然會安撫現場同仁說只是臨時性對策，待品質穩定後就會回到從前，但卻再也沒有人敢拿掉全檢。

所以檢驗作業既沒有創造給客戶的價值，卻又需要耗費人力時間執行，因此如何提高效率就成了重要課題。接下來我們就來看看機械大廠的重要零組件檢驗作業是如何進行改善的。

◎ 步驟① 盤點檢驗作業

所有現場改善活動都應該可以從第一線作業的數據調查做起，特別是檢驗作業不像製造工序是頻繁的例行性作業，就更應該被註記清楚。以下我們可以透過一個簡單的查核表單來重新盤點。

1 項目次序：依照工序別拆解區分，例如清洗作業、前段檢驗、後段檢驗。

2 檢驗內容：要說明其作業方式是怎麼進行，在意的重點是什麼？

3 工時需求：該檢驗項目的所需工時，要能夠被設定清楚。

4 檢驗範圍：在該項目中，產品需要被檢視的範圍要界定分明。

5 使用工具：儀器、工具、檢具或是感官（眼鼻耳手）檢查。

6 次數：該檢驗作業是全數檢查或定時抽檢，確認檢驗頻率。

工序別：

_____

製表日期：_____

製 表 人：_____

項目次序	檢驗內容	工時需求	檢驗範圍	使用工具	次數

　　檢驗項目的盤點確認，是把我們應做好並在意的檢驗作業進行完整審閱，這項作業一定要做嗎？不同工序間會不會有重複作業？例如明明產品的外徑已經量測過，後續也沒有再加工的情形下，為什麼包裝站還需要再做一次？檢驗所需的工時是否符合我們的預期，還是不同檢驗人員間會存在極大差異呢？

　　如果該項檢驗項目有存在必要性，我們再進一步透過下面所談的步驟②來討論如何降低檢驗次數、縮小檢驗範圍，甚至是大刀闊斧式的作法修正。

◎ 步驟② 確認作業目的與理由

有在認真看書的你，應該會記得剛才有提到（等等，是在情勒讀者的嗎？）公司裡有很多檢驗流程的設置其實有當時的時空背景考量，例如某次客訴不良的短期因應對策，原因可能來自於供應商物料的不穩定，後面即使已經更換供應商，但檢驗作業卻就默默沿襲下來，正所謂「人走工還在，一工傳三代」就是這道理。

所以在這裡我們要把每一項檢驗項目拿出來跟立院諸公一樣進行逐條審議。依據過往在企業輔導的經驗，我條列整理應注意的重點，讓各位在推行時可以參考：

- **為什麼在這裡需要進行品質檢驗？（目的為何？有沒有時空背景理由？）**
- **客戶真正在意的事情是什麼？（客戶體驗？產品價值？）**
- **客戶知道我們的檢驗作法是怎麼進行的嗎？（雙方認知是否一致？）**

「為什麼需要？」是讓我們回想當初檢驗作業成立的理由，是否僅是階段性或臨時目標，又或者有清楚的目的性。

「客戶真正在意？」同樣是食品內含異物，但肉類軟骨跟塑膠手套碎片完全就是兩碼子事。肉類軟骨可能是生產過程中難以避免的天然產物，端看肉品處理程度。然而你的藍色塑膠手套碎片在食物裡出現當驚喜，那是人員管理的問題。這本質上完全就是不同層次的問題。

「具體做法？」我們的檢驗作法、使用工具、作業環境、頻率

等是否符合客戶想像，或是符合我們當初允諾給客戶的水準。又或者客戶是否知道我們有多困難辛苦，有必要確認客戶是否真心懂得。

◎ 步驟③ 改善檢驗的「質」

最後我們要來談談要怎麼優化檢驗效率，分成質量兩部分來說。「質」說的是本質的改變，「量」談的是次數頻率的變更。

✎ 外觀檢驗要跟客戶議定好明確的標準

針對外觀要求，客戶是否有提供「限度樣品」很重要。限度樣品指的是買賣雙方用來判斷無法量化的品質特性最低標準，通常都以實體產品作為基準。一般來說，日本企業會主動給，其他客戶呢？如果沒有的話，換我們可以主動出擊要求提供。

另外針對外觀檢驗的「官能測試」也需要落實在日常管理中，例如視覺、觸覺、味覺、嗅覺等。沒道理設備都需要開機點檢而人員的感官不用？人的五感久了一定會有麻木、遲鈍的現象，所以才需要定期校正。例如台灣各縣市政府的環境保護局，當受到異味陳情時，像是樓下店面炸臭豆腐、隔壁工廠的排放污染物等，就有行政院環境保護署公告的檢測標準—「異味污染物官能測定法—三點比較嗅袋法」作為依歸。至於民眾陳情，環保局多久才會到場，就是另外一件事了！（笑）

✎ 機能型的檢驗可否轉換成規格檢驗？

機能型檢驗多半用於確認組裝後的運轉正常與否，像是作動範

圍、速度或異音等。有些精密加工產品需要組配後才知道好壞優劣，這樣就像是拆福袋拼人品一般不可靠。例如異音檢測需要等到組裝後才能進行，要是不良品的話，還需要大費周章拆除後重新修正再組回。

所以如果我們能夠轉換成單品的規格檢驗，就可以減少檢驗時間。當然單件的規格上下限要求勢必會更嚴格，才能夠確保組裝後誤差極小。但想要減少檢驗時間，把品質做得更好，本來就是正確的方向。

✒ 規格型的檢驗可否轉換成製程內做好？

如果需要把單品特別拿出來量測規格，那有沒有機會將其變成製造過程中的一部分？畢竟如果能在生產過程中就把品質顧好，同樣也是減少檢驗時間的一環。

所以對沖壓產品的前後工序間，往往就是把後工序的治具（物件的定位與穩固用）檢具化，不只是定位，同時也驗證前工序的規格。讓檢驗工序在製程間完成，而不需要另外花時間人力進行。

◉ 步驟④改善檢驗的「量」

懶惰的人善於減法思維，因此能坐著就不站著，能躺著就不坐著。**檢驗作業對製造端來說也是種積極的懶惰，能在製程中做好就不抽檢，能抽檢就不全檢。**所以檢驗的量也是值得被檢討的範圍。

✒ 看過往紀錄，考量範圍限縮

例如加工產品的兩端本身就是承靠面，本就不易變形，該檢測

有疑慮的只有在中間範圍，那現在兩端與中間需要三點量測就顯得有點多餘。當然這是需要有過往紀錄作為佐證，範圍的縮減就表示檢驗時間的減少，值得我們重新檢討。不是不做，只是要把時間精力花在刀口上。

✎ 看過往紀錄，考量頻率減少

例如該品質檢驗項目在過去兩年內都沒有任何不良品流出，是否能把檢驗頻率從目前的全檢改成每小時抽檢呢？既然已經是相對穩定的製程能力，只要設定好抽檢方式與頻率，我們就可以透過品管七大手法的管制圖監控品質變化的趨勢即可。

✎ 看過往紀錄，考量先斬後奏

我不是說就直接免檢過關，而是生產先行再補件。它依舊是需要做首件檢查，如果檢查結果不過關，公司仍要將這段期間內所生產的產品全檢，甚至承受全部報廢或重工的風險。但為什麼要這樣做？就是賺「期望值」而已。

例如你有 99% 的機會讓首件檢查過關，然而過去要送首件檢查的等待時間足以讓你生產 20 件產品。那對於先上車後補票的期望值（僅思考產能，實務上還有報廢重修成本的考量）：

99%*20 件 -1%*20 件 = 19.6 件（每回多生產的件數）

想起來應該還算是挺香的，評估時就是要注意良品率、可以多生產件數以及萬一首件失敗的損失成本，其實值得試試看。不過這需要經營層的認可才行，千萬不是打工仔自己硬幹的職權範圍。因為這牽涉到不同單位的權責、公司對品質意識的認知，甚至是客戶稽核內容，還是要溝通協調，確認清楚才行。

最後還是要提醒大家，檢驗成本的支出，
是為了避免內部失敗成本（返工重修或報廢損失）
與外部失敗成本（退貨、賠償或商譽損失）。

　　提供客戶好的產品服務，本就是我們應有的職責，這邊所談的檢驗效率提高固然重要，但如果行有餘力，也要嘮叨提醒各位要更進階往「預防成本」邁進，也就是從設計端來確保品質才是根本之道。關於這個，接下來馬上專門寫一篇文章跟大家講解…

　　把自己當成 Youtuber 老高就是！但我絕對不會脫稿！一起加油吧！

盤點 盤點生產過程所有檢驗項目，瞭解其內容要求、工具作法與時間花費

目的
- 為什麼這裡需要品質檢驗？（目的）
- 客戶真正在意的是什麼？（期待）
- 客戶知道我們怎麼進行嗎？（認知）

優化
- 檢驗的質：目的相同，但調整作法
- 檢驗的量：結果相同，但修正頻率

提前優化設計與製造，減少後期品質問題

———◦ 台灣食品大廠從設計端最佳化作業端流程 ◦———

在食品大廠的冷凍食品新產線現場，看著每小時 1200 盒的產能速度，那一盒盒美味濃郁的焗烤類產品在經過急速冷凍後，交由後端三名作業員進行組裝、裝箱、疊棧作業。其具體作業內容如下：

A 員負責將產品安裝上方塑膠外蓋。

B 員在產品外蓋上貼標籤。

C 員負責把完成品裝箱，待滿箱後封箱疊棧。

其中仔細觀察 A 員，發現他的工作由三個動作所組成：拿蓋子、扣蓋子、調整方向。在現場輔導時我很在意調整蓋子方向的動作，經詢問課長後才知道原來 A 員調整方向這個動作，是因為 B 員貼標時有方向性的要求，為避免 B 員貼標時把上蓋的透氣孔遮蓋，所以 A 員才協助先行調整蓋子方向。

那為什麼上蓋的透氣孔只有兩大孔呢？如果我們把上蓋的透氣孔設計成 10 個小孔分散在上蓋，是否就能夠讓 A 員扣上蓋時不用顧慮方向性，讓 B 員再怎麼貼標籤都能夠維持產品透氣的需求。

看似小小的調整方向動作，但如果現在每小時 1200 盒就已經捉襟見肘，如果正式量產需要每小時 1800 盒到 2000 盒的產能，

光是調整方向這個 3 秒左右的動作對產能影響就很大！因此我們更需要在一開始就好好思考改善。

因為預防勝於治療，如果我們能從設計開發階段就做好品質，或是在製造過程就顧及品質，就不用在料工費都支出後才來補救。（註：料工費係指原物料成本、直接人工成本與製造費用）我將提供三個改善切入點，從設計製造端就優化品質。

ⓠ 檢視整體最大效益

來自台南市新化區的瓜瓜園，是全台灣最大的地瓜製品生產廠，從超商、連鎖早餐到速食業，你可能看過也吃過他們家的地瓜。像這樣原料以天然農產品為主，需要面對許多不確定性的生產流程，例如原材料大小差異、品質不穩定，製程中還會因為搬運、清洗、儲放時間等造成品質變異，反而讓改善團隊更願意從「流程的整體觀點」來看改善效益。

因為大家熟知追求單點效益最大化的風險危害是什麼，例如一口氣清洗大量的地瓜，如果後端消化不及就可能會有腐壞變質的損失。規格分類挑選究竟要放在田間，還是集中採收回來再挑選呢？這些都是瓜瓜園在進行精實管理的改善過程中會去探討的重點項目。

所以若想從設計、製造端就顧好品質，那就要有全面觀點。具體建議會是邀集相關單位在設計或製造階段就參與討論，並且明確告知目的，就是透過各部門的觀點意見，能夠補缺拾遺以完善產品或服務品質。

行為動作影響品質

雖然我們希望在設計端能夠盡可能完善，但有些問題卻是親身經歷才可能會發現的。例如在化學藥品的配置現場，人員作業疏失來自於投料作業的計算錯誤，團隊問說怎麼做才能不出錯？確實，我們都希望同仁們可以聰明機靈、主動積極又負責任，**但管理者要做的事情是如何把工作設計地簡單好做。**

例如，如果一次投料量是 27 公斤，我們現在使用 10 公斤的料勺，投料作業就是 10 公斤、10 公斤跟 7 公斤，最後一勺的 7 公斤就是需要計算才能得來。但如果一次投料量 27 公斤，我們的料勺如果是 9 公斤的話，那麼投料作業就是三次的 9 公斤作業。**這樣一來人員只要注意倒料次數即可，減少作業複雜度就是減少品質疏失的風險。**

我們必須要瞭解並重視第一線從業同仁的行為動作，究竟是怎麼運作？當中有哪些不合理、不一致或是浪費的情況，這些都可能會影響產品或服務品質。所以設計階段所思考規劃的方案，都應該密切檢視在現場的具體做法，並瞭解第一線同仁的反饋意見作為進一步優化的參考。

對策重數據及因果

能夠透過數據來建立解決問題的邏輯判斷是管理者的必要條件之一，以品質議題為例，包含像是問題發生的期間、頻率、損失金額都是重要的數據指標。例如工具機的鑄件因為氣孔、

砂孔問題造成一年近八萬元新台幣的報廢損失。探究其原因是來自於鑄件內部釋放壓力不穩所造成，因此我們針對透氣方式進行修正。

到這邊為止，看起來改善對策都很不錯，但還是要提醒大家這些終究只是「看起來」而已，透氣方式的修正除了技術端方法的改變外，更有管理端的追加。例如人員需要去判斷表面情況填補，要看哪裡？怎麼看？判斷標準的一致性是管理端需要落實的重點。

而我們發現每次生產時需要多花費 15 分鐘的工時來進行判斷跟修補，年度人工費用可能增加五千元新台幣，但是卻能夠減少年度報廢成本八萬元，這筆帳算起來就非常值得！但後續管理上的對策請一定要規劃清楚。

所以公司如果想要找尋品質改善的新題目，可以從以下幾個重點來找尋：

①**外部品質成本高**：例如客訴退回、報廢、重修的損失。

②**內部品質成本高**：現在雖沒有外部品質問題，但是透過大量人力時間進行檢驗作業。

②的成因往往來自於①，例如曾經發生過客訴，所以我們的短期對策就是透過全檢來避錯，結果因為有效就這麼一直持續下去，久而久之就變成生產流程的既定做法。**這些人力的花費對於客戶端來說是沒有任何附加價值可言，而且一旦取消檢驗作業，問題還是有可能出現。**

如果之前的品質改善是先針對①來做，那麼接下來就請大家把目光放在②，相信對公司的改善效益才會更大。

> ## 品質成本如果能夠越往製程上游走，
> ## 整體損失越小，請記得這句話！

能檢驗就不要被客訴罰款，能抽檢就不全檢，能免檢就不抽檢。最後如果能夠從設計開發端避免品質問題就更棒了！

另外品質議題在先後順序或因果關係上也應該要特別留意，例如沖壓廠的委外工序回來後會經過一系列檢測再進行雷射雕刻，清洗後再進行包裝出貨作業。但是在檢測時就已經會有部分不良品發生（外觀問題、機能問題），接著在清洗後進行包裝時也會有外觀全檢，平均有 10-15% 的不良品會在此剔除。因此我在會議中提出幾個問題點讓團隊思考：

- 委外回廠檢測無法 100% 確保良品往下工序流動。

- 清洗後仍有 10-15% 外觀不良。

- 影響 L/T 且會有許多重工的浪費。

- 生管跟營業對於交期與數量的掌握性低。

我的起心動念很簡單，如果都已經到包裝出貨階段還有這麼多需要清洗後才能夠看出來的外觀不良，那 ......「如果我們把清洗工序往前移呢？」委外回廠後就直接進行清洗，洗後才進行一系列檢測再雷雕，最後包裝出貨。確保只有 100% 外觀良品才能進

入後續站別，減少各種不穩定的重工，進而交期穩定且減少大量重工的工時浪費。

設計端改善的兩大對策

當我們希望從設計或製造端就能夠優化品質，經過思考周詳、觀察現場、數據分析後，找到真正原因後，接下來重點就是對策的內容與執行方式。這邊我們可以把對策區分成技術型對策跟管理型對策，各有其管理重點。

對策	說明
技術型對策：一勞永逸	透過設備改造、工法改變、條件調整等以克服品質問題，追求的是透過軟硬體來做到一勞永逸的解決方法。這時候我們需要檢討的是投入成本與效益是否合理。例如堅果類產品在原材料端的選別作業，過去是重兵佈防，意即透過大量人力來挑選不良品或異物。然而現在卻能夠使用視覺辨識系統加上 AI 人工智能學習判斷，再搭配多支吹嘴，因此可以在堅果落下的短短幾秒裡檢視、判斷、挑選、剔除。達到過往人力數倍以上的效益。
管理型對策：勤能補拙	透過作法上的頻率調整、時間長短、執行與否來減緩或去除品質問題，主要把關鍵放在人員身上，因此這時我們要注意的是規則制定的明確與否，如果只是單純寄託在人員的主動、積極、負責任，那就不需要管理者的存在。再者，目前許多公司人員流動率或外籍同仁佔比皆高，更應該仔細定義好管理型對策的5W1H。

- Why 為什麼要這樣做？目的？

- Who 誰要負責來做？
- What 需要執行的工作內容？
- Where 地點範圍在哪？
- When 何時要做？時間跟頻率為何？
- How 怎麼做？工具為何？執行順序或重點？

我認為再發防止要從技術端、硬體端去根絕，但這不一定好做。很多時候大家反而容易忽略管理面可以做的改善，從流程方法、頻率項目等著手。或許不能夠根絕，卻能夠避免損失擴大，在短中期內不失為一個改善的好作為。

最後想來談談「品質過剩」的議題，其實在七大浪費裡有一項叫「加工的浪費」，我在授課時都要提醒大家做事情要先確認清楚目的。對於客戶沒有要求的範圍進行加工、沒有要求的精度、沒有要求的外觀都屬加工的浪費。有些品質要求我知道現場已經行之有年，甚至為此要花費人力時間去做好，但如果可以的話，我會建議業務單位跟客戶端重新依照合約或圖面進行確認，這時候有同仁會跳出來透露擔心：「會不會客戶本來沒有要求，結果你一講就提醒了他們？」

我的想法是：「那你現在就已經有在做了，再不濟就跟現在一樣而已，可是如果確認了真的可行，反而有更多可以改善的空間呢！」做事之前要考慮清楚我們期望與客戶需要的目的。讓我們為了從設計與製造端優化品質，一起加油吧！

第二章

停滯

價值以外的時間

「提早做、加減做」常常反而是一種浪費

◦ 台灣餐飲集團用改善備料流程提升獲利 ◦

台灣的餐飲集團在 2023 上半年創下亮眼的獲利表現，緊接著就在第三季安排精實管理的課程。想像一下，超過二十個台灣民眾耳熟能詳的餐飲品牌，從董事長、總經理、品牌總監、區經理到經理幾乎全員到齊，這陣仗大到我以為是漫畫《海賊王》裡在歐哈拉或司法島的非常召集。然而在兩梯次高密度的課程後，最終竟然激盪出超讚的實體營運改善作法。想看嗎？讓我在此跟大家分享。

對於餐飲集團來說，追求規模成長有其必要性，你今天一家店一天買兩顆高麗菜，跟一次進貨兩噸本身就會有價差存在。但是就如同董事長在開課時跟大家勉勵的「不能只有營收變大，但獲利反而變少，大卻粗糙或不靈活就很有問題」大家在上課期間都很認真學習，並且課後各品牌負責人都要繳交精實管理的改善作業，由我來批改審閱並且提供後續改進建議。

在眾多改善報告中，集團內的新興小火鍋品牌藉由「備料方式優化」的改善主題，不僅達成總經理規劃多年的想法，更為集團營運模式的優化指引一條新的方向。同時這也是許多傳統製造業行之有年的改善作法，再次證明精實管理作法的可複製性。

@ 預作準備，反而造成過多的浪費

報告裡同仁先闡述原本作法，各家門店都會提早進行備料，每天早上 9 點到 11 點會排定同仁提前上班，作業內容包含要盤點前一晚庫存、計算當日上午的備料量。緊接著拿出上百個馬口碗擺在桌上，從內場的大冰箱拿取物料並開始進行各個馬口碗內的食材備製。

這種大批量的準備作業，會造成哪些問題呢？在改善過程中，團隊一一列舉，這才發現原來會有這麼多的浪費損失。作為讀者的您，也可以暫時闔上書本思考看看，自己所處工作環境有沒有類似的大批量準備作業，隨之而來又會有哪些問題呢？

小火鍋品牌的報告者 Paul 經理列舉了八種常見問題，如下所示：

- **預測失準**：本來準備了兩百碗的料，結果中午用餐期間只來了一百人。不論預測過多或過少都會衍生後續問題。

- **食材損耗**：既然是預測性備料，如果沒用完就會有報廢的損失，例如已經洗好的菜葉會因為久放而發黃，造成賣相或口感都不好。

- **食安疑慮**：有些食材總是特別嬌嫩，就像豆類食材如豆腐，在室溫中放置太久時間，其酸敗的風險就高。

- **人員效率**：很有意思的是，如果在作業者身邊已經有五六十個備好料的碗，人員的作業速度容易不自覺放慢，之所以有恃無恐是因為感受不到急迫性。

- **缺漏客訴**：因為馬口碗一次擺出超過上百個，當人員在備製火鍋料或丸子類食材時容易缺漏，造成客訴問題。例如人員暫離回來後會搞混當下進度到哪。

- **佔用場地**：一口氣備製這麼多馬口碗，在內場需要找尋空間來放置，甚至放調味料、碗盤的層架都不放過。但這會影響人員作業效率或因碰撞讓食材落地的損失。

- **盤點庫存**：每天下班後還需要重新盤點庫存，再加上明天預計提早備料的預留量，如果不夠還得要進行採購叫貨。

- **鍋具清洗**：如果一次拿出很多碗進行製備，沒用完的料不是報廢就是冰存，但剩下的碗卻需要重新清洗，方能確保其清潔程度。很顯然這又是一項多出來的工作。

追根究底，就像是農業社會的人類覺得農作物收成擺在眼前、收在倉庫裡才會有安心感一樣，現代社會還是許多工作會因為「怕來不及」而預作準備。但過度的準備，反而會造成作業內容、工作環境、產品品質的浪費損失。那到底要怎麼做才能克服這個問題呢？

⊕ 現點現做，剛好的供應，牽引的效率

小火鍋品牌團隊從精實管理課程中的麥當勞改善案例得到靈感，追求三個需要——**「需要的東西，在需要的時候，只提供需要的數量。」**進而得出一個大膽的假設：有沒有可能當客人進來點餐時，我們才開始來進行食材備置，接下來馬上烹煮上桌呢？

如果要等待客人上門點餐後才開始備餐，大多數人都是損失規

避心態，率先提出來的疑慮就是擔心來不及而讓客人久候不耐。這時候就不得不稱讚公司經營團隊的決心與耐心。因為很多老闆或高階主管即便認為這個改變方向是正確的，但一想到為此要改變很多硬體措施、作業方式跟管理方法，甚至還不保證成功時，就顯得意興闌珊、提不起勁，然後就開始當起打太極拳的理由伯了：「這樣做是很好啦，但是因為 OOO 跟 XXX 的關係齁，我們是不是再審慎評估考慮一下 ......」

但這次不一樣喔！公司總經理已經醞釀許久，在上課時更加確信這是正確方向，也跟他一直想推動的不謀而合。既然大家對於改善方向有共識，剩下真正需要調整更動的就只是配套措施：硬體設備、撿料方式而已。例如參考電子業組裝線的零件盒，讓人員進行食材備製作業時能夠更加直覺簡便。

這樣一來，即便客人點餐後才開始來進行備餐作業，因為作業優化後讓工作變得簡單做、容易做，加上一點點時間的壓力（客人在外面等），效率自然就會高。同時也因為不需要提前準備，更減少了預測失準、長期存放的食材損耗。以單店來說，相較於改善前，每日可以減少四小時的人員作業時間。

總經理 Peter 後來持續跟我在 Line 裡保持聯繫與互動，**他開心地說到該品牌在十一月全部不提前備製餐點，整體獲利提升7%，最主要來自於食材損耗減少跟取消提前備製食材的時間損失。**因為沒有庫存，所以食材取得的當下就是以使用為目的，自然就不容易有浪費；也因為沒有庫存，所以人員感受的到時間壓力，很自然地作業效率也跟著提高。

⊚ 改善配套，不拘泥過往，形式不重要

你會發現就算產業型態、商業模式看似天差地遠，但是在流程上卻是極為相似。同樣遇到「先做起來放」、「怕來不及」的也包含台中某工業用潤滑油品公司。公司總經理 William 哥提到交貨給北美洲客戶的油品遇到很麻煩的情況，那就是在客戶詢價到正式訂單間，公司的業務同仁總是需要不斷透過 email 來詢問或提醒對方提供正式結關日。

一開始公司鎖定的問題是想減少業務人員的作業負擔，不過因為該客戶過往訂購紀錄總是穩定，所以即便我方尚無法確定正確的交期，生產製造端仍會預先準備材料、容器，待容器一進廠後就立刻生產。這時大家關注的重點放在：「要怎麼減少客戶詢價跟正式訂單間的時間？」或是「如何減少業務的動作浪費？」，而作為外部顧問總是希望在短時間內絞盡腦汁直擊事件的本質。

於是我詢問公司團隊，當客戶確認結關日與實際結關日之間會有多久的時間間隔呢？答案是七到十四天不等。那我們從準備材料、包材到實際生產完畢要多少時間呢？答案則是五天。

Bingo！如果客戶正式下訂單後，我有一週的時間可以用，而生產只要五天的時間，那為什麼需要提早做呢？既然不用提早做，我們又為何要在意客戶詢價到正式訂單的時間，業務也無需過多的動作浪費或等待。甚至更不需要在客人還沒有下正式訂單前就已經開始啟動生產機制，待有需求再生產以減少浪費。

這時候我們必須在討論時讓團隊感受到「預作的浪費」究竟有哪些，知道浪費的痛，才會懂得珍惜精實的好。

- **取消訂單的風險**：就算是關係再鐵、再緊密的客戶，萬一臨時取消訂單，那我們預做的準備就會變成鄧紫棋唱的《泡沫》一樣瞬間烏有。

- **資源的先行耗用**：明明還沒有正式需求，但是我們就先花了人力時間、材料包材、設備電力等，會讓公司資產變現的效率變差。

- **場地空間的佔用**：你把東西先做好，反而在製造現場有種作繭自縛的感覺。畢竟像工業用潤滑油多半都是以大型鐵桶承裝，你還需要堆疊存放。甚至會因為其他訂單而多出找尋或移動庫位的工時浪費。

總結以上兩家企業的實戰案例，你會發現「做起來等」確實能夠讓人有安心感，但卻是諸多浪費的病根。

> **「需要的東西，在需要的時候，只提供需要的量」**
> **雖然很反直覺，但卻能夠鍛鍊自己用效率、**
> **靈活性來面對各種變化的風險可能。**

希望當您看完這篇文章後，可以反思自家公司裡有沒有哪些「做起來等」的工作呢？不用先急著改，先想看看這會帶來什麼問題呢？出個例題讓大家動動腦好了。

例題①：機械廠接到客戶訂購機台的訂單，為確保機台最終交付時的運轉條件、品質需求無礙，客戶會提供測試物料給機械廠

進行試機作業。結果明明機械廠還在進行底座安裝階段，測試物料已經送入工廠，請問這會造成什麼問題呢？

場地的部分，訂單切換造成的空窗期是種機會成本損失，而過早準備的停滯更是顯而易見的浪費。例如四個月前客戶機台的測試料就已送入，但一個月後才會裝機完成，那這五個月的時間，我們場地都會因此受到影響。

例題②：手袋廠產品過早完成先行送至歐洲客戶端，會造成什麼問題？

提前兩個月就先完成該訂單產品，送到歐洲客戶端，卻因為存放環境受潮而遭客戶求償。你知道我知道，有時候要站著還把錢掙了並不是件容易的事，當我們默默地隱忍退貨罰款時。是不是反而應該想想要怎麼才能「需要的東西，在需要的時候，只提供需要的量」，以品質的角度來說，停滯時間要是拉長就可能會有變異。新鮮的東西總是特別美味，是吧？

特別利用一篇文章，讓大家對於過早準備所造成的傷害有共識後，對於接下來的改善推動就是我們的事情了，一起加油吧！

文末也給個小彩蛋附帶鼓勵大家，在文章一開頭的餐飲集團總經理在 Line 上分享他們某品牌改為不提前備製餐點後，獲利提升 7%，如果計算全台家數、各分店每月營收後，預計一年改善效益將有近五百萬新台幣，更不用提後續推展到其他品牌的改善可能性，所以讓我們也來重新思考看看吧！

對時間高敏感，用科學數據建立精準排程

○── 中南部食品加工廠用精算時間改善場地空間浪費

　　我曾經到台南某知名香腸品牌進行輔導前的診斷工作，從分切、絞肉、混拌、解凍、充填到熟成靜置，再經過裁切、秤重分裝到最終包裝，這一連串的傳統美食生產流程，串起來是每年新台幣超過十億的生意。

　　有意思的是我跟總經理、製造主管花最多時間的地方並不是生產工序的機台或人員作業，而是冷凍室、解凍室與熟成靜置暫存區。就拿熟成靜置的暫存區來說好了，看到一台台吊掛成串香腸的台車，我就問主管說這些需要放在這多久呢？主管回覆說：「明天早上來就可以往後段工序走了。」當時約莫接近中午休息時間，我不死心再問：「所以真正靜置多久才會好？下午生產的也是靜置到明天早上嗎？」這時製造主管尷尬地笑了笑並回答說：「是的」。

　　在各行各業裡常會出現這種需要長時間的解凍、結凍、靜置、降溫、發酵、熟成、硬化等作業，因為被賦予重要的類加工形式，但往往缺乏科學數據驗證下，就容易以人員經驗法則去判斷決定需求時間。你問我這跟停滯時間有什麼差別？因為停滯是我們自己工作切割或是生管排程所造成，但這些靜置、熟成等時間卻是

我們以為理所當然的存在。**但高敏感不只是天賦，更是改善活動中需要擁有的技能，特別是對於時間的敏感程度。**

◎ 時間準確，是重要的先決條件

在雲林的消費用品工廠裡，我們討論到新產品的冷卻溫度與時間。產線在生產首日以六人作業，其中有兩位的工作是把充填後溫度尚高的產品放置在大桌上面使其冷卻，因此會感覺場地空間佔據很大，人員有如忙碌工蟻般跑來跑去，可是又有非常多半成品。

我是不好意思當面直說，看到的景象讓我想到中元普渡法會的供桌，到底哪裡需要這麼多待冷卻的產品？搬運人員從事無價值作業，擺放、找尋、供給等其實可以從生產流程安排來改善。因為充填後半成品真的需要冷卻結凍嗎？是產品性質需求，還是因為怕下一站的封膜機因為熱氣造成水蒸氣凝結而影響封膜品質？

我想特別先說說什麼叫做「科學」？所謂科學對我來說，就是有明確數據、有實驗驗證，並建立明確標準。而不是僅靠少數幾個人的經驗、感覺甚至直覺來提供作業準則。劉德華說「你認真，別人才會當真。」如果冷卻時間只是用喊的，同仁們也不是笨蛋，自然也反映到日常工作的精準程度。

「那個冷卻時間喔？課長也是用過去經驗大概抓的，他上次抽煙時也跟我講啦，所以你也大概抓一下不要差太多就好。」例如公司新產品在充填後需要冷卻才能封膜。那麼針對產品特性就需要做好這幾項調查：

- 充填時的原料溫度
  - 精準地告訴我們一定要幾度才能作業？例如 45 度。另外後續有沒有可能挑戰 42 度也行？
- 要冷卻到幾度才能封膜
  - 例如 30 度封膜才能維持表面平整程度，也不會有漏液可能。
- 自然降溫需要的時間
  - 如果從 45 度到 30 度要 600 秒，那如果可以 42 度充填，會不會只要 550 秒？
- 外力介入（吹風扇、抽風、冷氣、風向角度、風扇數量）的時間差異

這個靜置差不多一個晚上就可以了啦！

差不多先生

☐ 靜置幾個小時就可以用？
☐ 早上做好的也要放一個晚上嗎？
☐ 東西是幾點就放在這了？
☐ 時間一到就會拿來用嗎？

時間高敏人

　　數據的重要性就是在決策時有更多有價值的參考，例如我們如果想要買輸送帶作為流程降溫用，這樣才能知道要多長的輸送

帶、速度要調多快？

類似的案例也發生在食品加工廠，目前把解凍肉塊切片後是利用風扇將部分未解凍完成的肉片回溫，造成設備走走停停，讓現行兩人作業存在不少等待的浪費。**重點不是直接思考風扇要怎麼裝或要裝幾支，而是要實驗確認並設定各種原料肉的解凍時間。**因為真正合理的改善方向是待肉解凍到適當溫度時再開始生產，因此為避免待解凍產品佔空間，到時候大家又在抱怨都是因為改善新措施而造成空間不足，因此我們除了調查各種原料肉現行的解凍時間外，也要針對擺放方式、容器材質、熱交換或對流方式（如風扇等）進行改善。肉品若解凍完全，也會加快切片區人員的作業速度，因為包裝膠膜會變得好拆好做，而且肉品的品質也會因為標籤變得好撕，因而減少異物發生比例而變好喔！

⊙ 排程精準就能減少停滯

在機械業的生產工序中，鈑金是一項關鍵零組件，跟主軸、控制器等技術門檻無關，而是因為它體積大有存在感。在中部精密機械科技園區裡，某家機械廠擁有自己的噴漆室，然而經過噴漆後的產品，目前都要先行移動到暫存區，然後再由現場組長領用。若想節省搬運時間或是解決半成品的暫存問題，關鍵在於「噴漆後靜置時間的標準化」，因為當我們能夠清楚掌握乾燥時間，**就能夠依照需求時間點回推噴漆作業需要進行的時間，待噴漆乾燥後就能夠直接從噴漆室直送到生產現場。**

你說這不叫直送，但如果乾燥時間是六小時，那麼噴漆室裡最多

就只有六小時的庫存，而不像現在暫存區裡兩三天的庫存量。

甚至在台北港裡的新車整備作業也是一樣，烤漆後的車輛需要靜置，我們如果能夠把需求時間給設定清楚，例如引擎蓋可能需要 8 小時，但車門只需要 4 小時。而不是說「反正靜置就是放超過一個晚上就好。」，因為車門如果早上就烤好，那也許下午三點就可以進入下一工站。能夠越快往下一站交付，就是效率的展現。而引擎蓋要 8 小時、車門只需要 4 小時，更是能夠讓我們對於作業排程的先後順序，有明確的參考。引擎蓋先噴漆，再來才是車門，這樣後端作業就可以在相近時間進行組裝。

場地不夠就用時間來錯開

每次當我談到如果公司一天出貨趟次很多，我們的出貨暫存區不需要依產品或客戶別來區分，因為這樣反而會造成空間的浪費。例如可以利用出貨趟次的奇數趟、偶數趟錯開來，場地只需要兩個，而且就是一趟車次裝載的貨量即可。倉儲人員一早來就先準備第一趟跟第二趟的貨，接下來的作業順序跟時間點就是當第一趟出車後，才開始準備第三趟的；第二趟出車後，才開始準備第四趟的。依此類推，你會發現空間使用效率、人員作業效率都會因此而變高。**我們無法設計為了極端情境使用的空間，但我們可以用時間錯開，不用擔心場地不夠，我們應該在意的是要怎麼趕快讓它出去。**

不只是我們出貨可以這麼做，甚至收貨時也是相同的道理。從許多供應商口中得知全聯的物流中心對貨車司機來說是極為嚴格的存在，時候未到不准進廠，每一台貨車載有什麼東西、要卸在哪個

碼頭、幾點幾分進來並且要在多久內出去，通通都被規定地一清二楚。這不是全聯的錯，是它一天需要接納太多廠商、產品種類與數量。**場地根本不由得它奢侈，要用最精準的時間去切割控制每一次進出。**

◎ 品質問題也要在意時間變化

另外在汽車零組件廠也遇到可以用時間來判斷的情境—令人頭痛的沖壓件生鏽問題。如果要做改善最讓人頭痛的就是不管在原因驗證、效果確認時都會遇到「時間延遲變化」的影響。當下造成生鏽的原因，也需要時間或環境的催化才會造成最終結果。

除了可能發生原因的探究外，建議更應該紀錄清楚現行生產流程中各站間的「停滯時間」，同時也要註明保存方式與保存環境。如果時間是重要因素，那麼停滯就是時間耗費最多的地方，不可不慎！再來我們也要從抽樣了解，藉此了解前後工序間生鏽比例是否有變化趨勢可循，以知道哪一段是主要發生地點。例如：

- 震動研磨洗油前的生鏽比例
- 剛送到半成品暫存區的生鏽比例
- 兩日後送到超音波清洗前的生鏽比例

當我們知道生鏽所需的時間後，那麼就可以有底氣來討論如何盡快地將產品往下一站流動。這道理就像是食物在完成那一剎那，就必然會走向酸敗的地步，只是時間快慢的問題而已。夏天可能一小時、冬天可以四小時，當我們能夠確定時間後，剩下的就是如何盡

快地把新鮮的食物送往顧客的嘴巴裡，吃掉就沒事啦！

銷售備料預測看長期勝率

從上述各種情境都會發現，如果我們能夠掌握時間，就像櫻木掌握籃板球一樣，可以影響比賽的勝負。對於半導體、電子消費品、機械業來說，銷售預測就會影響庫存預估，進而影響備料模式與庫存水位高低。**然而我通常會建議企業端做預測要看長期勝率，不看短期勝負。**

因為庫存管理最大的心魔就是「缺料」，可是認真來說會缺料通常就已經是產業共通現象了。要追料價格自然要拉高，如果拿不到料，對公司來說短期是失敗的。可是如果你一年十二個月下來十勝兩敗，真的會很痛嗎？當然你可能會說可是我想要全勝啊！當然，誰不想，可是先求勝多敗少，才有機會完美掌控。德州撲克的職業選手，不會在意一局的輸贏，也不是賭神把把都贏。但職業的自覺就是應該要做到每天都下場，然後每天起身離開時勝率就超過50%，這才是長治久安之道。

最後回到文章一開始所講的靜置、發酵、熟成、冷凍、解凍、冷卻等作業，這些都是透過時間來讓產品性質改變。要設定標準時間的用意就是希望讓人心無旁騖。**畢竟你來的太早，損失其他工作可能；你來的太晚，會有品質問題；專人看顧未免也太浪費，因為人能插手之處也不多。**管理端倒是可以考量「如何即時讓人員知道時間到點了？」例如透過燈號、蜂鳴器、倒數計時等都是可行的手段。

就像某大型鮮食產品生產工廠，伴隨訂單成長，預估每日解凍箱數從 480 箱到 800 箱，甚至可能會到 1000 箱以上。透過上述的改善概念，我們可以從兩個方向來思考改善對策。

改善方向	改善作法
技術端	沒有一體通用的對策，肉類解凍會有肉品厚薄程度的差異，所以解凍就需要視產品而量身定做。例如解凍室的分區管理、容器是二格籃或四格籃、容器材質（例如白鐵導熱係數是 15、鐵是 67，但鋁是 204），甚至震動會不會影響解凍效率呢？這些都是我們可以把產品分類後，再來思考解凍的可能。不僅只是坐以待斃般用一個概略數字去管理所有的產品。
管理端	管理端雖然不是從根本解決問題，但是人類行為也會影響改善成果。以解凍室為例，解凍要求時間完成後，我們有即時拉走嗎？手段上我們如何得知解凍完成、通知機制又是什麼？再來待解凍的東西有及時放進去嗎？這些同樣會影響解凍室的效率。

做個時間的高敏人，你會發現改善機會點俯拾皆是，特別是原本以為用時間來改變產品性質的靜置、熟成、發酵、冷凍、解凍等，因為過往容易被忽略，這才更值得我們去重視。一起加油吧！

2-3

「大企業病」造成停滯，針對時間差改善

○───── 自行車零件廠作業流程改善的點與線分析

　　我還記得我第一次聽到「大企業病」這個名詞，是與日本顧問一同在上海某企業輔導時所提及，老人家針對兩個議題不斷詢問，一是要修改射出成型模具讓換線時間加快，二是備料人員從倉庫改成隸屬製造單位使需求情報更快傳遞。結果過了一個月，改善團隊的回覆依然是「關於模具的修改，我們要請業務單位跟客戶端進行確認，內部研發也說要再評估會不會讓毛邊增加。」、「目前備料人員共有八位，我們協理說牽涉到倉庫跟生產單位的人力調整，要跟副總確認才行。」

　　聽完解釋後，老人家氣得在會議室白板寫下「大企業病」四個字，提醒大家注意以下這幾種情況：

- **公司部門多**，例如一個課長底下只管 10 個人，你是國軍班長嗎？

- **職責分不清**，這件事不歸我管也不歸他管，就這麼剛好是德州安打嗎？

- **決策耗時長**，遇事不決就量子力學嗎？沒有，是層層上報。

- **不願改現況**，我還以為我在看清宮劇裡的大臣在殿上爭論「祖宗家法不可變」。

結果又過了幾年，我反而發現所謂的「大企業病」蔓延地很快呢！原本以為可能像是克萊斯勒、通用電器、三星電子等公司如同商管教科書裡的案例，結果台灣中小企業竟然也越來越相似，之所以要特別寫下這篇來提醒，是因為根據經濟部中小及新創企業署發布的《2023年中小企業白皮書》提到，在2022年台灣中小企業家數超過163萬家，佔全體企業數的98.9%，而就業人數為913.2萬人，佔全台就業人數的八成。如果大企業病越發蔓延，對台灣整體經濟發展絕對不是件好事。

◎ 直接、間接單位的流程管理：用時間來觀察並改善

在大甲工業區裡，自行車零組件業的生管單位想要進行流程改善，除了物流之外，資訊流也是很重要的一部分。然而大家所提出的改善往往只針對單一作業面如何縮減時間，結果發現效益不大。我建議大家可以先以傳統流程圖進行體檢：

傳統流程圖上常見的三種符號：

■ 作業處理

◆ 檢驗確認

➡ 流程方向

而我卻認為在實務上有個無法克服的缺陷，那就是「停滯等待時間」無法顯現。這就使得我們無法確切瞭解流程時間，除非特別去觀測紀錄。但為什麼我們需要特別去紀錄作業時間、檢驗確認時間、傳遞時間與「停滯時間」呢？**因為玩的就是真實，同時也能讓**

我們瞭解可以改善的切入點。

✎ 停滯時間：情報傳遞／供給頻率

寄出不等於收到，告知不等於知道，情報傳遞上如果射後不理，很有可能最後造成重大延遲而不自知。我最喜歡舉的例子就是郵差跟宅急便，郵差如果寄平信就是把信丟到郵箱裡，至於你有沒有收到，那不是他的責任；但宅急便可就不一樣，會要求客戶一定要簽收才會離開。這就是情報傳遞需要注意的細節，更關乎我們的管理流程如何設計。

想像一下整堆公文壓在你同事桌上的畫面，明明批完、簽完為什麼還不往下一個處室送呢？「我都習慣一整天整理好後再送出。」恭喜你！這就是供給頻率造成的停滯時間。把供給頻率拉高，例如一天送件兩次，就能夠減少產品、文件、專案的停滯時間。更重要的是如果不是實體製造流程，你的搬運成本更低，何樂而不為呢？

✎ 作業時間：分工方式／改善優化

原本一個人工作要花60分鐘，分給兩個人反而只需各花25分鐘，那是因為有可能減少移動、反覆拿取工具的結果。又或者原本三人作業因為分工不平均造成等待或庫存堆積問題，但如果平準化分工會讓作業效率變的更快更好。

改善優化就沒有什麼好說，在實體製造作業的改善，不管是物料擺放位置、作業順率、工具手法都可以細究改善。在流程管理時，伴隨著科技的進步，有更多簡單、方便且售價持續降低的 AI 自動化工具都是可以檢討使用的途徑。

✒ 移動時間：串改並聯／情報共有

既然是流程改善，可以想像絕大多數的流程圖繪製方式都是「一關接著一關」，彷彿串聯的電路圖一樣。那如果我們把串聯改成並聯，是否就可以大幅減少流程 L/T 時間呢？這概念就像是豐田汽車在設計開發時很常採用的「同步工程」，讓前後流程間緊密結合。

除了物流上的串聯改並聯外，資訊流的情報共有平台也是另外一種減少移動時間的做法。這部分隨著通訊軟體的發達，在情報共有化上起了非常大的作用，例如企業工作用的 Line 群組就是最好的例子。惟要注意資訊的寄出是否等同於收到這件事（請參考上面的停滯時間）。

分析	項目	說明
點的分析	1. 有多少作業項目？要花多少時間？	了解總投入工時有多少？能否刪除、合併、重組或簡化？
	2. 幾個人作業？分工是否平衡？	若是兩人以上作業，是否有平準化分工呢？
	3. 品質重點為何？	檢驗項目、方式與頻率是否清楚？
線的分析	1. 串聯是否能改成並聯？有沒有同步工程？	總投入工時不變，但能否讓耗時變短？特別是等待時間
	2. 資訊情報的傳遞？物的流動？	記得要把資訊流跟物流分開思考，如果能夠"人未到，聲先到"就能做好事前準備工作
	3. 資訊共有平台的建立？	大家有沒有都確實看到？看到是否都覺得 ok，並知道下一步自己要做什麼？

　　我會建議大家要先做「點的流程分析」，再來做「線的流程分析」，因為從自己本身作業改善起，比較有說服力。另外單點改善著重在投入工時的優化，這是最根本也閃不了的基本功，請務必好好面對。

　　改善團隊有人舉手發問：「老師，有沒有可能先做點、再來線，最後又回去做點的改善？」很棒的問題，這一定是有思考或親身經歷過才問出。我的答案是當然有可能，而且這樣更好。我的理由有三個：

1 先做點，再串線，會讓前後兩點距離更近。

2 距離變近，前後工序間就更好反映問題或困難。

3 回頭做點的改善就不只是自己視角，更有前後方的視角想法。

◎ 直接、間接單位的異常管理：小批量情報供給

　　在智慧機械聚落的潭雅神六公里產業聚落，J 公司是專門從事齒輪車床加工、機械零配件加工的小公司，公司人數在十人以下卻臥虎藏龍的小而美企業。總經理說公司的生管跟製造現場常有衝突爭吵，生管人員在排程時認為「你們應該要這樣做」，但製造端反而會認為「但我們覺得這樣比較好」，改善的重點是生管要更瞭解製造的難處、考量點，寫成守則，定期追蹤回饋並修正。

　　幾個重點一一跟大家分析如下。

✎ 排程臨時更動讓生管、製造都滿腹怨言？

那為什麼生管需要一口氣把整天的排程先提供給製造？我建議只給現場三個情報資訊：

- 現在要做什麼產品？
- 要做多久？做多少量？
- 下一個要做什麼產品？

給現場越單純、越小批量的情報，把變動的可能攔截在生管這邊就好。過早把生產情報提供給製造單位，製造單位可能就會藉此先拿去備料、預組裝，甚至變更製程先做簡單但並非當下需要的東西。這也是精實管理中的小批量多回次概念，不只運用在物的流動，情報流也需要。

✎ 現場進度或問題，生管在辦公室不見得了解？

在會議討論的當下，J 公司的生管人員說：「我們怎麼會知道現場在做什麼？」聽到當下我也老大不高興地說：「你當你們公司是多大，你就坐在二樓吹冷氣，走個樓梯下樓看一下或問一下很難嗎？」

我會建議可以用「生產管理板」揭露現場資訊，雖然不到即時，但至少只有一小時的時間差。上面白板的資訊包含時段別、產品名稱、預計該時段目標量、該時段實際生產量及備註。由產線組長每小時填寫一次，生管也應該每小時巡檢一次。其目的：

- 即時瞭解生產進度，是否有需要調整、補救的對應？
- 收集未達標的原因，作為後續改善參考。
- 穩定達標者，作為後續目標修正的參考。

⊕ 不將就才不會照舊：盯緊產品生命週期

改善目標要怎麼訂才能夠讓公司內部單位可以槍口一致對外。不管是客戶端固定每年合理化要求，抑或是公司對於整體接單情況或市場情勢判斷，都不要忘記「時間差」的問題，你終究是要買歐洲車的 … 阿不是，我是說你終究是要做改善的，越早產出效益就會享有更多的紅利，特別是有生命週期的產品更要注意。

即便同樣是機械業，但客戶對於訂單的需求、物料供給情況以及人員的多能工能力，就會成為改善的前提條件，影響接下來我們能做的事情。同時更要看公司對於未來策略方向的選擇，**有些產品如果不在公司未來三五年的規劃藍圖中，那麼現階段的改善就會選擇「維持不惡化」不投入過多資源在其身上。**

「我們要在量產第一天就賺錢。」這不會是口號，端看我們從產品設計、模擬試做、小批量產的著力多寡？如果你產品生命週期是四年，那你可能還有前半年可以調整修正，但產品生產週期兩年可能就要在兩個月內翻正。**在現在少量多樣、推陳出新速度極快的市場環境下，量產第一天就要賺錢這件事真的不是口號。**

例如在清潔用品的製造現場，我們有看到一個問題就是新品試車的混亂。生管一開始在途層設計安排五人負責生產，可是現場實際測試時用六人作業。原來是因為貼標籤在瓶裝產品的位置不正，所以增設一員因應。這些我都懂也可以接受，但既然是新產品，當天試車完後我們怎麼檢討？有沒有後續修正想法？下一次想法怎麼落實？這些才是我想傳達的重點。

同樣的問題，針對電商倉儲與特賣會場地整併一事，由於時

間關係，公司決定先把特賣會揀貨地點移至新場地，待第四季時再將電商倉儲併入。**如果你讓我選擇的話，我會說：If not now,when？（如果不是現在，那要等待何時？）因為兩次搬遷的痛，不如痛一次就好。**

生管單位詢問：「如果以過去三年的平均來推估接下來雙11檔期的需求量，會有困擾。」因為訂太少可能會補貨不及，但如果訂太多怕是檔期過後的生產線會有一段真空期。我的回覆有三個重點：

1 處於持續成長或下滑階段，用平均不準。

2 預估就要多跟外界接觸市場情況，總體經濟情況、產業發展趨勢等。

3 預估終究會有失準的可能，其實關鍵在於「生產能力」。

> 單位時間內擁有夠強的生產能力，就可以不用過早生產備庫存，面對變化的能力也變強。而生產能力的瓶頸在哪，我們改善就應該到哪！

設計規劃、初期檢討才是影響每一項產品獲利與否的關鍵時刻，急就章的「將就」到後來就會變成「照舊」，然後效益不如預期時才想要「搶救」，但又有更新的任務出現就不了了之。想突破這樣的惡性循環，我們就從今天開始做好設計規劃跟初期檢討吧！

2-4

減少停滯，先減少距離感再追求一氣呵成

台灣烘焙、鋁門窗廠合併工序減少作業時間

　　企業在規模化的過程中，不論是部門組織、物料空間、人員工作範圍、流程交接等都容易拉長距離。但如果發展停滯甚至衰退時，「距離感」沒有刻意去消除，往往就會形成許多浪費。例如溝通成本的提高、呆滯物料的增加、個人工作範圍的縮小等。

以為分工，反而多了停滯與搬運

　　一氣呵成指的是以產品為主體，追求流動性的改善，因為這會影響產品的投入產出時間，就如同餐廳的翻桌率，客人點餐到買單的時間越短，店家一天內就能做更多次生意。減少客人在店裡停留的時間，就是創造更多的生意機會，而公司營運端也是如此。

　　如果流程中有許多分工或斷點，反而會造成庫存停滯以及衍生額外的動作浪費。所以追求工程合併時，現場改善關注的重點項目如以下所示：

重點	問題項目
減少停滯造成的庫存	1. 為什麼這要現在做?
	2. 這接下來什麼時候要?
	3. 能不能連接著一起做?
減少停滯造成的額外動作	1. 能不能連接著一起做?
	2. 因此可以少掉哪些工作?

　　讓我以跨產業多家公司的實際改善案例,佐以改善前後的數據對比,希望讓大家能夠更清楚知道工程合併、減少停滯的好處。

✐ 【桃園烘焙廠】

　　例如我在現場看到同仁們在麵包烘焙後就將鐵盤拿去將餘料刮除並刷洗乾淨,接下來鐵盤就一盤盤收回台車放置備用。有需要時,再將鐵盤從台車上一盤盤取下來進行麵團的排盤以準備烘焙。那如果在真正需要排盤時,每一盤都是刮好、刷好就排好,一氣呵成是否就至少節省一次鐵盤上下台車的動作?

　　公司改善團隊在討論過程中就把這樣的概念想法具體實現,以往公司烘焙用的鐵盤都需要透過人工作業來刮除雜質、油脂等,接下來再用人工刷上一層底油,最後再將需要烘烤的半成品進行排盤作業。然而以往刮盤、刷油與排盤三項作業都是分開進行,而且都是以八輛台車(一台車有十五盤鐵盤)作為批次移動單位。經過改善後,我們改為刮盤、刷盤、排盤由三位作業員同時進行,把工作合併後平均分配給每一位作業同仁,產品就是刮盤做一盤後就馬上傳遞給下一位刷油,再給下一位排盤。最終實際改善的前後績效比較(在相同需求量下):

項目	改善前：前後工序分開 且批量生產	改善後：前後工序合併 且一個流生產
總工時投入	576 分鐘 （投入四人作業）	360 分鐘 （投入三人作業）
L/T 時間	376 分鐘 （6 小時）	120 分鐘 （2 小時）

就公司營運效益來計算，每年有近新台幣五十萬元的人力成本減少，更重要的是公司現場的半成品停滯時間與使用空間均大幅減少，讓作業可以更加輕鬆靈活。

✏ 【台中鋁門窗廠】

改善前在現場看到的作業方式簡述如下：沖壓設備兩道工序，目前是工序分開並採取批量生產的方式。你會看到作業人員從物料台車取下材料，一次性地將多支管材放到①號架子上，再從①號架上一支支取出到 A 機台沖壓，然後又放回①號架位。結束後再一次性地把 A 機台沖壓後的半成品放上②號架子，再從②號架子一支支取出到 B 機台沖壓，結束後再放回②號架子。最後再整批堆疊搬運上台車。台車後續會送到五金組裝桌進行配件組裝作業。

這樣的做法存在幾個改善著眼點，不過在輔導會議上我先鼓勵同仁們發言，希望從大家口中聽到真實的想法，瞭解公司團隊對於現場問題的看法，將其集結如下：

- 搬運的逆流問題，搬過去又要搬回來。
- 半成品庫存佔空間，到處都是半成品台車。

- 清點數量的時間，有時候訂單要 100 支，做到一半還要清點數量。
- 工序分開造成的搬運，距離遠還要推很重的台車。
- 人員動作的浪費，堆疊、翻轉產品的時間，甚至還會不小心打到、撞到。

特別是品質問題，如果一開始沖壓加工的中心點就偏移，大批量生產後可能要到組裝階段才會察覺問題的存在。這中間的製程損耗、工時浪費、材料報廢等都是非常可觀的損失，而且做越多賠越多喔！

聽完我的解釋後，我們馬上就到現場，有鑒於改善團隊每個人的看法都不盡相同，半信半疑或深表懷疑者仍近半數之多，所以最粗暴簡單的做法就是「實作加上計時」。我們就以三十支為單位，分別量測現行批量分段作業的方法以及符合沖壓模設定（一模兩穴）的兩支一組。結果如下：

批量生產與分段作業：810 秒 / 30 支

工序合併與一個流：630 秒 / 30 支

接近 30% 的產能提升，而且還能夠大幅減少現場台車的使用，這也代表著後續還有很多在生產 L/T 上更好的表現機會，讓公司的生產能力與金流運用可以更進一步優化。

✎ 【台中手工具廠】

組裝現場會有非常多的前置作業，包含雷刻、鉚壓等，過去都是雷刻單一站批量作業做完，再來到鉚壓站進行批量生產。我們

要做的事情就是減少半成品庫存跟搬運作業。待工程合併後，不過量生產，需要的東西只在需要的時候提供需要的數量，例如組裝線明天要排上產線生產，物料的前置作業就設定在今天生產。

當有團隊成員擔心雷刻設備需求量很大，如果跟其他製程合併，會否排擠雷刻的產能，其實現場永遠不會說謊。當我們到現場去時，光是雷刻作業單站產出數量就足夠讓組裝線消化近三天，更何況我們還沒算到那些已經入庫的前置半成品呢！所以不僅不會排擠，還有機會減少目前佔公司 50% 雷刻的外包成本，可將其改為內製。畢竟目前每年 400 多萬的外包費用也是一筆重要支出啊！

ⓠ 工程合併的三大困難

企業輔導最常聽到的回饋是「我們知道 ...... 這樣很好，但是 ......」在此特別列出三項常見的困難點與解決方法，希望能夠讓大家看完上述改善案例後，能夠更有信心、義無反顧勇敢地在現場改善。

✎ 產能速度不匹配

「顧問，我們抽管這邊一小時可以做 300 支。你現在要我們跟後面切管合併？切管就比較慢，這樣要怎麼併？」這樣的問句在自行車管件廠的工程合併規劃時聽到，這時我們要關注的事情是究竟客戶訂單的需求速度有需要這麼快嗎？

產能快不快，不是我們自己說了算，如果客人不需要這麼急，那就是我們自己要消化的苦了。以抽管區為例，前後製程速度不

一致，現場作業同仁的作法是把前段過快的產出先取下放置一旁，待切管機有空檔時，再把抽管後的半成品拿起放入切管機生產。這樣會造成人員增加取出、放回、堆疊等動作浪費，更重要的是因為放回的時間點不好抓，所以作業人員就需要頻繁觀察、確認，使公司原本預期的一人多機配置無法實現。

如果客戶真的有這麼快的需求速度，同樣可以做工程合併，只是我們反而要檢討改善的是如何讓後工序切管提高產能來與前工序抽管取得平衡。

✐ 換線時間有差異

前製程換線時間需要兩小時，而後製程僅需一小時。因此在工程合併初期往往會出現人員等待的問題，但請不要這時候就氣餒灰心，因為改善換線時間就是我們需要做的事情。

不管針對前製程的換線時間單獨做改善，或是把前後製程共三小時的時間一起優化，因為重點在於既然要工程合併，所以連同換線時間都要是同進同出。這種做法相信公司生管人員在排程時會更有感覺。畢竟如果前後製程是分開的話，意味著生管人員需要安排兩次排程，合併之後便視為單一製程，生管人員工作量自然就減輕許多。

✐ 品質異常與故障

為什麼過往在前後工序分開時，很少會聽到同仁們會抱怨並凸顯品質異常跟設備故障的問題呢？因為半成品庫存就是最好的緩衝劑，如果現階段擁有三天的庫存，那麼品質異常或設備故障只要能夠在這段時間內解決，往往就不會讓人感到緊張有壓力。

　　因此前後工序合併就會讓問題更容易浮現，這不是工程合併的問題，本質上是品質異常跟設備故障的問題，這鍋它不揹，而是長久以來問題遭到掩飾、忽視而應該被正視。

◎ 工程合併不只在現場，流程端也行

> **不僅只在製造單位的工序，甚至在流程端也會發現流程分段的功能切割，往往會造成各種重複的溝通、修改。**

　　例如 B2B 服務的業務人員到客戶公司場勘後，計算成本並報價出去，再由工程人員進行第二次的場勘作業。這樣的工作分段，很有可能業務理解或解讀的場地規劃方式，當工程人員看完後會有落差。而且時間也曠日費時，甚至對客戶來說也會覺得莫名其妙：「你們到底是要來看幾次？我還要對應你們，有夠麻煩。」

　　我們可以參考銀行放款的精實作法，聚集相關單位負責人組成專案小組共同討論並迅速決策。搭配前端客戶需求探詢時的顧問式銷售，這將會對公司的銷售、生產端有所助益。「同步工程」概念在台灣許多產業間都還有很多的改進空間，不能只看到跨部門參與的時間，卻忽略過往反覆修改、設變、重工的成本。

　　最後請務必記得這句話—「距離感越少，總成本越低」大家一起加油吧！

2-5

減少停滯，那就分批處理並及時供應

◦── 台中電子零件廠從大批量到小批量的改善案例 ──◦

在某次海鮮餐廳與食品業主管們的餐敘裡，有財務主管問到：「老師，想跟您請教在高獲利跟多做的浪費間到底要怎麼選擇呢？」這真是一個好問題。中文字用字的博大精深可見一番，就像是上回我在其他公司聽到「拋送」這個用語一樣，我可以理解財務主管所謂的「高獲利」其實就是透過大量生產使其產生規模經濟讓單位成本降低。（拋送的意思我們片尾會說明）

讀書最忌諱的就是不求甚解，就像我常聽到有些企業老闆開口閉口就是「數位轉型」、「人工智能」結果實際接觸後才發現，老闆以為產線裝個電子看板，頂多做到即時報工；辦公室開始減少列印紙本單據就算數位化。我自己在企業界推動精實管理的改善活動時也會有相同困擾，許多主管總會把「規模經濟」掛在嘴邊，我都很想詢問大家成本理論裡的規模經濟究竟是屬於個體經濟學還是總體經濟學的範疇呢？以我過去大學時就讀政大企管，然後前兩年又從政大 EMBA 畢業，妥妥的商院畢業生，也只能說知道一點皮毛而已。

所謂規模經濟意指擴大生產規模讓經濟效益增加的現象，記得是經濟效益不是成本降低。規模經濟的特點：

1 產品規格的標準化。

2 透過大量購入原物料，讓單位成本降低。

3 有利於管理者與作業者的技術專精與效率。

通常大家的不求甚解大概就到這個階段而已，後續談的是一**且企業生產規模擴大到一定程度後，邊際效益反而會持續降低，甚至會跌破到負值，反而引發規模不經濟的現象**。很多企業會說規模經濟，通常會朝兩個方向來提。一方面是透過大量採購，讓物料的單位成本降低；另外一方面透過大量生產，藉由換模換線時間最小化，進而使產品的生產單位成本降低。

然而大量採購雖然能夠直觀地降低單位成本，可是採購決斷者是否有考慮到倉儲成本、品質疑慮（買太多沒有用完的變質可能）、現金流量等問題？

另外想要大量生產不換線讓單位成本降低？不換線的前提來自於市場需求夠大。但現在不論 B2B 或 B2C 的產品已經很難看到單一產品席捲全球的機會。至少我橫跨十幾個產業所看到的都是產品種類變多、需求批量降低，而且市場環境變動幅度大、頻率高。這就會導致企業不論主動或被動都會生產預估趨向保守並追求其靈活性。所以大批量、小批量，或是高獲利、多做浪費等都是假議題，因為背後真正的關鍵來自於客戶需求，而這是我們能影響，但不是可以自行決定的事情。

⊚ 大批量造成空間的損失

在台中大里工業區的 D 機械廠在輔導報告時說：「我們目前做到了入庫即備料。」不過仔細深究就會懷疑「甘安捏？」因為這必須同時克服「使用頻率」與「需求數量」兩個重點。機械業常見的成台份備料，其實就是因為無法做到「需要的東西在需要的時候只提供需要的數量」所以乾脆就整台份通通一次進來，看到才覺得心安。

然而，人員在現場看到這麼多物料，就需要找尋時間、拿取時可能會有刮傷碰傷，甚至誤裝等品質問題，整個作業區域的腹地也變得更大。場地對於機械業者來說更是重中之重，因為不管閒置空著或佔用停滯都是種機會成本上的損失。我們要拼翻桌率，就要做到新鮮即時才有機會。

經過內部重新檢討後，D 機械廠擺脫過往整台份備料的方式，**從倉庫到組裝段均調整成分階段、分模組的備料方式，過往可能工期長達一個月的物料，改為每週分批供料。** 甚至有機會更進一步改為每日供料，藉此減少場地使用、備料工時、組裝人員找尋時間甚至品質問題。

⊚ 大批量造成品質的風險

在雲林的物流倉庫旁的小會議室，經理提了一個非常有趣的問題：「老師，這次有個客訴是 A 客戶的東西送到 B 客戶那，B 客戶的東西送到 A 客戶那。」我就問說：「那你們覺得是什麼原

因造成的？」

「因為新人操作過程中，不小心傾倒物料籃，然後重新整理時搞混。」現場組員這麼推估著。

我開始想著大家會給我什麼改善對策呢？因為是傾倒物料籃造成的，所以怎麼不讓物料籃傾倒就成了關鍵嗎？所幸沒有讓我失望，改善團隊的答案是：「如何減少待包裝產品的堆積。」才是改善方向。是啊！**傾倒的原因是堆積，怎麼減少堆積才是重點，而不是跟我說要強化物料籃防護或是加強人員教育這類的本末倒置方法。**

同樣也有食品廠說到公司推出含果乾的產品因為果乾帶有黏度，造成八爪機分秤到自動包裝機時會有品質異常的損失，這部分我們可以從兩個方向來思考：

- 量的變化：
  - 想辦法減少積壓。例如在袋裝原料時就減少批量，避免因為大批量本身的重量造成存放在棧板上的底部物料容易受到重壓而變黏。或是在設備轉角處容易卡料累積，造成果乾物料無法向下流動，才會造成品質異常的損失。這些都是跟數量相關的改善。
- 時間的變化：
  - 果乾類產品在存放多久開始會發黏？除了溫濕度條件外，時間也是我們在意的重要變因。如果能夠越快用掉，是不是就能夠減少變黏的可能性，而讓生產品質異常變少。

⊕ 大批量造成作業的麻煩

在台中的電子零件廠，因為產品特性的關係，改善團隊對於搬運作業如何省力很重視。如果我只是要大家用輸送帶連接、人員穿上外骨骼裝備或是用吊車、機械手臂等協助，這種花錢就能做到的事就顯得治標不治本。追根究底來看，搬運物本身的重量與搬運距離也會影響人員花費的力氣。

- **重量**：如何透過小批量多回次來減少單次搬運重量？
- **距離**：如何減少高度落差與直線移動距離？

首先我會建議從重量「小批量多回次」下手，**在現場我們可以看到很多認為「搬一次就好」但反而花費力氣且辛苦的重筋作業（意指重體力勞動作業）。**

例一 銅料由兩人負責搬運作業，一日兩回、每回一小時，作業內容就是把銅料放上台車，然後推到現場，一次發個五十支左右給各機台。然而由於五十支銅料的重量過重，不得不用兩人作業。

▶ 如果銅料一次不拿多，就不用兩人作業，甚至回程時甚至可以順便把機台的銅屑清乾淨回來。

例二 車床加工後的產品以籃子承裝，作業員會再將其他機台生產的相同產品併桶（集中倒入桶中），再以烏龜車用貨梯搬至二樓清洗。

▶ 如果我們不併桶，做完後就送上二樓待清洗區，就無需等待併桶的時間，二樓只要把一籃籃劃分明確區域即可。

例三 加工後的清洗作業，待清洗品在倒料時是用大桶倒，然

後清洗後產品是以籃子承接，而且需要一籃籃堆疊靜置瀝油。

▶ 如果不併桶，就不會使用大桶，人員倒料作業上就不用倒得很辛苦。使用容器越小，清洗後要瀝油也比較快流到底部。

例四 機台的切屑回收同樣是兩人作業，一日兩回，每回一小時。需要把各機台的切屑回收車集中到銅屑區，再由堆高機一車車倒入太空包中。

▶ 銅屑放在台車很重，所以需要用到堆高機，如果有小量就馬上清，不用使用到堆高機，生產區域內也就不需要預留堆高機的移動路徑與迴轉半徑。

並非你批量生產就有問題

老實說我對於精實管理或豐田式管理並不是基本教義派──就是「你批量生產就該死」那種。因為當好的原理原則應用在不同產業時，一定會有些變形或調整，例如有公司總經理希望將加工產品的相似製程「集中生產」，聽起來就很離經叛道，特別是公司推行這麼多年精實時，可是我會仔細分析這麼做的好處、前提條件、可能問題、未來趨勢。請聽我仔細道來。

【好處】

1 設備效率提升，因為減少換線等附帶作業。

2 提升老舊設備的妥善率，因為集中生產可讓設備好好保養、點檢確實。

3 過往產品不同，人員作業的變動大，希望集中生產時人員熟練度提高、不良率降低。

【前提條件】

1. 完成品倉儲空間夠。

2. 產品保存期限長、不易變質。

3. 通路要求產品（退貨）的條件相對寬鬆。

4. 市場對產品需求差異的敏感度不高。

5. 產品共用件比例高。

6. 公司金流沒問題。

【管理重點】

1. 產品種類如何區分？

2. 集中生產的時間範圍？未來兩週訂單集中生產？還是一個月呢？

3. 換線頻率如何調整？非稼動工時比例是否真的有降低？

4. 設備故障件數、停機時間是否真有好轉？

5. 人均產能是否因此而提高？

6. 產品不良率是否因此而降低？

【未來市場趨勢】

1. 土地越來越難取得——租金成本高，集中生產佔用空間真的好嗎？

2. 電價越來越高——若產品需冷凍或冷藏，大量成品耗用更多電費。

3. 通路對產品的要求趨嚴——要求交貨批量降低、頻率增加，我們能對應嗎？

4 市場端乃至於客戶端需求越來越多變──集中生產萬一不合市場期待呢？

因此長遠來看，集中生產會是一個短暫過渡的管理作法。除非公司僅靠一兩支長銷品過活，否則都會有新品不斷開發而品項增多的現象。集中生產的隱憂就是換線能力會下降、人員多能工的訓練動機會減少，還有對於庫存的迷思誤判（做出來就賣得掉，不管放置時間），這些都是需要注意的地方。

⊛ 間接單位也要小批量

甚至從客戶關係來看，小批量為什麼這麼重要？因為你投入真感情（大批量）的話就很容易被凹，例如客戶設計變更、臨時砍單都會讓原本擁有的庫存變成負擔。特別是公司規模小，其實容錯率更低，更要避免大規模的風險與負擔。

另外一個很有趣的例子發生在屠宰業，現場分切人員的薪資計算是採計件制。公司改善團隊想要加快計件獎金的審核發送流程，一來是避免時間拉長造成爭議，二來也是更能清楚掌控成本。在討論過程中我提供兩個方向讓大家去思考：

- **資訊提供的頻率從一天一回，先改為一天兩回**
  - 這部分的概念跟現場製造流程的小批量多回次搬運相同，我們追求更快把資訊情報往下一站傳遞，創造流動避免停滯。

- **發生率低、過於細碎的資訊是否有收集細分的必要**

。例如生產結束時的尾數物料要在哪條線過磅，又要算在哪條線的業績？設備故障時過磅產線跟實際生產有落差，人資怎麼檢核？

如果 99% 以上都是正常生產，實際件數與過磅件數一致，我們不用花費大量人力時間進行檢核、糾錯、比對。通常時間都是花在發生機率低的情況下，那是否可以大家議定好一個固定額度或是計算方式即可呢？

最後送上公司團隊針對該主題的改善績效呈現：

【生產端】生產支數紀錄工時：改善前的 3.5 小時，降至 1.25 小時。

【人資端】計件獎金產出工時：改善前需 8 小時，降至 3.89 小時。

> **對製造端來說，減少控制的層級就減少在「管理」上花費的時間，而管理者應該要把時間花在思考、創造、優化等更有價值的事。**

對間接單位的流程來說，批量減少就會加快流動速度，而且批量減少就代表單次工作量的降低，人員作業就能變得比較穩定（不累）。所以如果想要提高流程效率，那就試著拋下大批量的迷思，從工作分批處理開始吧！一起加油！

註：拋送出現在某上市公司報告中，最後才發現原來是人員丟東西的意思（笑）

第三章

創造價值的靈魂

3-1

企業面對缺工問題，三個自問與解套策略

── 雲林雞隻屠宰廠用流程改善舒緩缺工問題 ──

　　商總理事長許舒博會後轉述，有關產業缺工的部分，他當場請台下所有會員代表若有缺工的請舉手，結果幾乎所有產業都舉手。──2023 年 7 月 17 日行政院長與商業領袖座談會。

　　行政院長賴清德聽取勞動部就「加速投資台灣解決缺工執行成果與檢討」提出報告，表示缺工議題涉及勞動力供給、產業環境及人力培育等多元面向，需要長期投入資源及跨部會緊密配合，才能逐步展現相關作為之政策效果，滿足產業界人力需求。──2018 年 7 月 24 日加速投資台灣專案會議。

　　根據行政院主計總處統計，台灣 2012 年缺工人數十八萬名，比〇四年增加一六％；但一二年青年失業率為一二・六六％，居亞洲四小龍之首。和碩董事長童子賢說：「這是一個錯亂的時代，缺工與失業率同時上揚，很不尋常。」──2013 年 2 月 28 日《今周刊》報導。

　　以上三段媒體報導，把年份日期遮起來，你感受得出差異嗎？缺工議題在產官學界喊了十年，時間之長、力道之弱、哀怨之深，讓我想到有些老人家總是愛上醫院門診喊痛，但自己卻也不願意做出什麼改變。喊聲震天卻還是擺爛每一天，你沒聽錯，這是我看到許

多企業經營層或高階主管的現況。

對內，看著公司內部流程、現場作業中顯而易見的浪費卻無動於衷，但對外，雖然還不至於像明朝崇禎皇帝這樣在煤山說著「諸臣誤朕也」，但卻嚷嚷著都是大環境的錯，儼然自己是西楚霸王項羽一樣「然今卒困於此，此天之亡我，非戰之罪也。」。2019 年時就對中美貿易關稅戰哀哀叫，2020 年一切都是新冠肺炎的錯，2021 年痛恨航運業抬高運費的效應，到 2022 年就說是俄烏戰爭的影響。

日本每年在 12 月 12 日會由清水寺住持公布年度漢字，台灣企業則是大家會自行公布年度流行藉口，如果當年國際政經情勢沒有觸發特殊事件呢？當然就是拿出萬用包「缺工」出來救援啊！

抱怨缺工常見的三種問題

但如果你是企業經營者或高階主管，在缺工議題下的各階段抱怨都幫你預想好了呢！

✏ 缺工第一步：只會哀哀叫卻不知道從何做起

缺工這件事，你遇到、我遇到，獨眼龍也遇到。台灣人口老化就是條不歸路，不能改變的就叫環境條件，畢竟你覺得痛苦，你的競爭對手也一樣害怕。可是哀哀叫只能抒發情緒，建議打起精神、睜開眼睛先看看自己家的實際情況吧！

流程系統端的疊床架屋，人員總是花時間把文件修修改改，專案進度就等待長官指示。製造現場的品質檢驗、重修或是大量半

成品庫存的出現，也是人員需要花時間、資源卻提早做好所造成的浪費。對外總是要哀哀叫，但似乎都沒打算要檢討自己。**或者公允一點講，就算想檢討卻也無從著手，因為平常也沒特別注意營運流程改善，畢竟這又不 sexy 也不有趣，更不是媒體鎂光燈的焦點所在，沒有故事可以賣。**

✒ 缺工第二步：覺得自動化是條路，準備花錢幹下去

我自己曾經多次體重破百公斤又再瘦下來，自己最大的體悟是人在混亂無助時會把希望寄託在「單次行動」上，例如吃減肥藥、巫婆湯、特定飲食法，然後三天就要見效、一週就要驚艷。如果說要我每天快走 6 公里、控制總熱量、多喝水、充足睡眠就好，但需要三個月後才容易看得到效果，很容易就會覺得氣餒。

這其實跟缺工議題也很像，既然覺得有這麼多要注意、心煩、討論或決策的事項，就不免把希望寄託在單次行動上─「自動化」。既然大家都說企業管理就是管理人的問題，但千人千面難以成事，乾脆劍走偏鋒就直接想透過系統流程與生產製造端的自動化，徹底解決人員問題。

剛好最近遇到一個企業改善案非常經典，想特別拿出來跟大家分享。在某雞隻屠宰廠有項工作是人員將燙毛後的雞隻吊掛在輸送帶上，接下來用人工把雞隻翅膀向下拉。一開始大家都在想說要怎麼透過自動化設備取代拉翅膀的作業，例如要有電眼感應器確認雞隻通過，再啟動兩支由氣壓缸帶動橫桿模擬人員拉翅動作。但後來越想越不對勁，我們要從「目的」開始檢討，為什麼要拉翅？我們的客戶喜歡我們這樣做嗎？後來在會議中才得知原

來全雞吊掛由人員拉翅的理由：避免雞翅膀在後續分切作業中被機器誤傷，影響產品賣相與價值。

- **真正目的**：不要在分切時傷到雞翅才是重點，拉不拉翅只是方法之一。

- **改善對策**：不需新設備，在分切機台前增設擋板，確保分切時不會切到雞翅即可。

貿然導入自動化，也只是模仿現在的動作而已。你的浪費、無效率甚至會隨著自動化而大量釋出，造成資本支出增加，浪費也跟著增加，這絕不會是我們樂見的事情。方法無他，先從自身檢討流程改善做起吧！

✎ 缺工第三步：躺平等政府開放外勞，嗷嗷待哺當巨嬰

「達克效應」談論的是在面對學習一個新領域時，新手期會過度自信攀上愚昧山丘，隨著逐漸上手的過程反而會讓你感覺跌落至崩潰谷底，持續不懈才能從谷底攀升變成專家而且變得謙虛。

缺工第一二步其實就是攀上愚昧山丘的過程，然後因為自動化專案失敗跌落崩潰谷底。關鍵就在於你會持續不懈嗎？檢討為何失敗犯錯，給自己再一次挑戰的勇氣？或是因為公司短期營運績效考量而放棄？

然而對於許多台灣企業來說「現在放棄的話，比賽反而不會結束」因為還有更巨嬰的作法就是要政府負責！老實說，企業本來就處在競爭環境中，如果面對問題都需要政府來協助甚至公親變事主還要負責，那乾脆你家接不到訂單時，乾脆政府比照基本工

資，核發基本訂單數量給你算了？

上述三部曲還不僅是一次性動作，對有些企業來說變成是循環了一唉完就勵志革新，但失敗後就等政府搶救，如果不救那我就再唉唉叫的無限循環。

◎ 面對缺工問題，先自問三句話

「顧問，你知道現在人很難請，我們也希望能夠提升產能，但就真的沒有辦法」在新北某工業區裡，製造主管正抱怨著。各位會覺得聽起來很耳熟嗎？這樣的說法有什麼問題呢？就我來看，至少有三個問題或前提假設待驗證：

✏ 人很難請，是不願意來還是留不住？

前者的問題可能是單純薪酬福利差或企業前景不佳，但如果是離職率高、待不住，那該關切的是工作環境、作業內容（技術難度、危險性、疲勞度等）是否對於同仁們造成很大的壓力？

✏ 真的沒辦法，是設備瓶頸還是人員瓶頸？

設備瓶頸就算加再多人也無濟於事，該檢討的是機台速度、故障工時、換線時間或品質異常等原因。人員瓶頸，則是要探討多人作業的工作分配情況，或是單人作業內容改善。最怕就是自己作業內容都不用被檢討，只想要把人找進來就完事的僥倖心態。

✏ 提升產能，就只有花錢這招嗎？

人員真的都沒有浪費嗎？閒置工時、無意義的作業或會議、預作庫存這些都有努力過了嗎？設備的產能在安全與品質的前提

下，已經到達極限值了嗎？設備的故障都解決了嗎？換線換模時間也都縮到不能再縮了嗎？如果每一次我們都覺得要動腦子做改善是緩不濟急的事，或許哪一天遇到更大問題時，換經營層或管理者也是很合理的邏輯呢！

這種話，其實管理者不一定愛聽，反正跟同業們一起抱怨台積電付三倍薪搶人，大家抱團取暖比較舒壓，但講再多也無濟於事。作為外部顧問的我，**能做的就是告誡並刺激大家思考當我們喊缺人之前─「我們真的已經盡全力改善了嗎？」**當大家都在喊缺工的時候時，你對於內部無附加價值作業的重視程度又有多少呢？如果總是看著外面人怎麼都進不來，怎麼不先看裡面人員的工作安排是否合理呢？

解決缺工問題，三個關鍵策略

最痛苦的事情就是看著大家在喊缺工，結果進到公司裡發現人員做著沒意義花苦力的工作。例如像是食品業的輸送帶清潔作業、殘料的處理工作等。面對這些無附加價值的作業，我分成三個層次來做檢討

✎ 上策：能不能不要做

例如輸送帶的清潔，一定需要人員將設備停機後進行刮除嗎？要刮除是因為來自於長時間運作的沉積，如果能夠安裝固定式毛刷，並隨著輸送帶運作持續清潔，是否可以拿掉這個刮除作業呢？

✔ 中策：要做，但是作法改變，使其簡單好做

材料廢棄前需要人員挖取、換盤、烤製，透過溫度降低廢棄物中的成分活性，一定只能用溫度嗎？有沒有可能用化學藥劑？或是直接轉交其他處理廠商活用？

✔ 下策：作法不變，但至少要有明確作業標準

如果這工作一定要存在，也無法改變其作法，那至少要訂清楚作業方式、人員效率。例如處理 100 公斤殘料就是要花一個人 1 小時來做，那麼今天如果要處理 200 公斤，要嘛一個人做兩小時，不然就是兩個人做 1 小時。沒有標準的話，工時就無法明定，而工時無法掌握，怎麼解決缺工的問題呢？

這篇產業觀察不是想開地圖炮臭所有企業，也不是眾人皆醉我獨醒的優越感。站在「台灣企業好，台灣才會好」的期望下，想提醒所有企業經營者、高階主管們好好正視營運管理的效率優化，就像是以色列這樣水資源匱乏的國家，才會重視農業上滴灌技術的發展、自來水供應上的超低損耗。

自己的改變就是正視問題的開端。我也看到許多高瞻遠矚、深謀遠慮甚至大聲疾呼的企業領導人，像是台灣工具機暨零組件公會理事長同時也是永進機械總經理的陳伯佳都是鴨子划水默默做，甚至也帶領同業一起做的績優典範。缺工問題不是只有你會遇到，但努力改善就只有你能做到！一起加油吧！

3-2

老好人跟控制狂：阻礙改善兩大門神

○ 台灣聯華食品給予犯錯空間的改善策略

【閱讀警告】希望能夠大家約法三章，因為本篇可能會打到某些人的痛處，進而產生對號入座的不悅感。如果您夠積極正向，相信您會懂得我的用心良苦，寫出來只是希望讓各位可以心生警惕，不論是對自己或看同事都應該注意。如果您願意接受，那麼接下來就請大家閱讀以下文字。

「這次參加精實會，真的是希望藉由老師與夥伴的相互激勵，能給予自己更多的勇氣。在與各部門同仁的小組討論中進行自己要做的變革，進而證明給上一代及股東瞭解，公司要有所改變才能跟上其他廠家的腳步。」這是台中某機械廠的總經理在年度輔導活動結束後的發言，讓我有深深感受到想要改善的決心。

然而企業在推動改善活動時，有兩種類型的主管是我作為外部顧問遇到時會特別留意的，他們的存在並不是直接抗拒活動推行，而是一些性格作風、工作方式反而會造成團隊的低效率。且聽我來解析說明。

◎ 老好人：專發軟釘子，無助公司改變

什麼叫做老好人？對我來說就是害怕衝突、質疑改變，只想穩定當前局面的管理幹部。更有甚者會覺得公司推動改善是不是就是壓榨同仁的慣老闆心態，更加排斥任何變化的可能性。請讓我舉一家苗栗包裝容器廠輔導初期在製造現場的場景讓大家瞭解。

「顧問，你這樣要求太快，現場沒有時間休息。」包裝線組長在我第二次到產線時就沒好氣地說出這句話。可是當公司主管們跟我在現場觀察時，都可以清楚看到作業人員坐在機台後端承接整串塑膠杯將其裝袋、裝箱後都還有餘裕時間，但當我們希望能夠調整機台速度，組長卻反應這樣太快，大家會做不來，而且品質「一定」會有問題。

在現場時我笑而不語卻可以明顯感受到壓力，回到會議室我是這麼跟大家說的：「過去我在推精實管理改善時，覺得買設備之前先改人，不贊成企業貿然大規模導入自動化設備。但勞資關係本來就是相互配合，如果你樣樣不願意配合，還說沒有時間休息，那要不回家好了，這樣就可以好好休息。」當然我知道話是講得有點重，甚至觀點可能有點政治不正確，但卻是實務上大家只敢做不敢談的事情。如果企業經營者知道改善的目的，管理者也掌握清楚數據，但公司內卻有老好人舉著員工福祉的大旗，事情往往會從理性討論變質成勞資拉扯。

到底是「自動化讓人們失去工作？還是人們不願工作只好自動化呢？」我沒有肯定答覆，但只能說後者的狀況似乎越來越多。職場工作者一定要想清楚。**老好人式的經理人往往害怕破壞原本**

人們習慣的做法，可是改變原本作法本來就會讓人心慌害怕，有時候明明改善會讓作業變得更輕鬆好做，卻還是無法配合。如果同仁說這樣很累很辛苦，如果我們還持續要求，彷彿就像是我們在強搶民女或是威嚇霸凌。但既然要改善就要先讓現有問題浮上檯面，大家才有辦法解決。傷口內部發膿，若我們就只是貼個 OK 繃讓表面癒合，它還是會持續發炎，甚至造成敗血症等更大影響。

推動改善時我們都會非常重視第一線同仁的疲勞程度、工安危害，像是搬運重物、危險作業這些反而容易造成問題。**但改善的第一件事就是「改」，當人們在不適應的作業順序、作業環境或作業內容時，本來就容易產生疲累感。**就像是你平常沒有在運動，突然今天跑了 3 公里。或是平常彎腰駝背，今天刻意要你抬頭挺胸，這些都會讓你覺得特別疲憊。

適應需要時間，如果喊累很辛苦是長時間甚至已經影響身體健康，那當然要當機立斷調整。但是根據我自己這幾年在不同產業數十家企業的改善經歷來說，當這樣的說法出現時，雖然當下很難反駁，我會希望能夠讓子彈飛一會兒，不要這麼快下定論。更重要的是高階經營層對目標的堅持，以及主管們對於數據、證據的理性判斷。

控制狂：控制行為思想，無助人才培育

多年在不同企業間合作的過程，我其實很害怕「太過努力」的幹部。所謂太過努力指的是事必躬親到覺得大小事都非自己不

可。**管理者的時間、腦袋資訊承載量都有限，把大量雜事、小事包攬在身上，反而對公司來說更是種重大商機的損失**。這種行為上的控制狂，讓我想到「慈母多敗兒」這句話。如果爸媽都把所有事情攬在自己身上，看不慣孩子做的任何事情，到最後要嘛孩子刻意反抗，不然就是擺爛。「反正我怎麼做，你們都說不好」這真的是公司永續經營或人才培育上想看到的事情嗎？大家務必慎之慎之～

控制狂如果只是限制行為就算了，更可怕的是心靈上的控制。正因為許多熱心的主管會下指導棋，其實真的容易扼殺公司裡真實的聲音、創意的對策、改變的可能。曾在汽車售服零件廠開會時，看到高階主管用「誘導式問句」介入討論，我就問這樣誰敢講真話？

「你剛剛講的是這個意思對吧？（轉頭）顧問不要誤會。」

「我講的不一定對啦，我講錯你再反駁。你再想看看真的是這樣嗎？」

你這種問話方式是緋紅女巫或 X 教授等級了吧！**控制狂對於公司管理最大的問題是知識管理無法有效落實，變成 Know-how、經驗、專業技術都綁在少數人身上**。如果用金庸小說來跟大家分享，你看看丐幫跟少林寺這兩大傳統武林幫派巨頭就知道其差異了，讓我解釋一下。

先拿丐幫來說，喬峰是來自少林的跳槽仔、黃蓉是桃花島出身的海歸人才（桃花島算是本土以外吧？），甚至連耶律齊也是來自全真教的跳槽仔。黃蓉做幾道菜就可以幫自己男友學到核心技

術，根本商業間諜行為。雖然組織設計上有執法長老、傳功長老、掌鉢龍頭、掌棒龍頭，但是關鍵技術是綁在人身上，只能靠幫主或長老口傳心授，他一旦跳槽後組織就完了。例如《倚天屠龍記》裡趙敏率眾攻上武當山時，三姓家奴，阿不是，是三位家奴——阿大、阿二、阿三中的阿大就是丐幫前長老「八臂神劍」方東白。

看看人家隔壁的少林寺，少林七十二絕技是綁在組織裡，你想抄襲模仿或偷學，是會遭受到嚴重報復，你看火工頭陀會被追殺，而且人家組織設計超級有制度。

- 達摩院：RD 研發單位，武學造詣夠高才能進。
- 般若堂：市調單位，《鹿鼎記》裡說外出弟子回來後要去匯報看到的別派武功。
- 羅漢堂：教育訓練單位，負責初階學習。
- 藏經閣：IP 智財單位，天龍裡的掃地僧、神雕的覺遠大師都出自於此。

我曾看到一個案例非常有意思，《天龍八部》時期易筋經是超難的技術，大概等同於 3 奈米製程，不是你想學就會，甚至還要靠一點運氣。到了《笑傲江湖》時易筋經是有人教就一定學得會，看看人家令狐沖就會了。到《鹿鼎記》時易筋經大家都在練，已經不是太希罕的技術。那就表示組織內部有人專門在做知識管理傳承，才有辦法達到。

◎ 真誠給予犯錯空間是公司的解方

　　顧問做久了，看到各類型的企業領導人也多了，找顧問時真誠懇切、Kick-off 大會喊得震耳欲聾，三個月後消聲匿跡不聞不問的比比皆是。聯華食品（1231）是我所看過最堅持的合作夥伴，我曾在媒體採訪文章看到董事長曾指示公司若要捐贈某一單位，就要長期而且持續，不要每年換來換去，因為「如果一年捐、一年不捐，對方如何能有長期的執行計畫？而且也看不出顯著效果。」公司推動精實管理時更是如此，聽過好幾位公司幹部說過，董事長會寫 Line 詢問進度，也多次在公司聚會上強調精實的重要性。我也曾帶隊參訪聯華食品，董事長接待來賓時說的一句：「要知道，提早做也是種浪費。」就知道這內行的，因為這是多少企業勘不破的迷思心結。

　　除了領導人以外，從公司團隊的相處氛圍也能夠嗅出企業的狀況。會議上相互指責還算事小，扯後腿、挖洞給對方跳的也不算少見。但是聯華食品的管理團隊始終給我很正向、溫暖的感受。怎麼說呢？

　　不論是休閒事業部或是鮮食事業部的改善，我常常會看到幹部們主動提出相似產品的比較，例如品質問題、效率優劣。大家提出來不是說要證明自己有多厲害來讓老闆看到，而是提出來警惕或列為改善目標「為什麼同樣做海苔產品的產線，雖然設備樣式不同，但不良率只有 0.2%，我們卻有 0.8%？」或是「我們中壢廠的便當產線每小時產量是 1500 盒，彰化廠同樣人數卻可以做到 1800 盒？」

這些疑問的起心動念是來自於追求更好的可能，甚至會議上效益比較好的課長還會直接跳出來說明他們是怎麼做的。這樣的做法可能其他公司也有，但讓我比較驚訝的是這不是總經理或外部顧問去要求的，而是大家主動提出來的。

這樣的氛圍我覺得也來自於公司願意給予「試錯」空間，我還記得在 2014 年公司剛導入精實管理時，其實對顧問提出的許多概念想法、現場指摘都還有點矇矇懂懂、半信半疑。但我就記得時任休閒廠廠長的 Michael 總經理常常在會議上說：「你就先按照院長說的做看看。」也很常轉頭跟我說：「我們試看看。」**你要員工有創新思維、要主動積極，但要衝就有可能衝錯，如果因為嘗試而犯錯就會挨罵，久而久之就會變成官僚系統的公務員心態—寧可少做也不願犯錯。**

語氣柔軟但態度堅定是顧問的素養

分享一個我自己的經歷，剛開始做顧問的時候，很多時候我都覺得「擇善固執」是理所當然的本分，公司花錢請我來就是要說對的話、做對的事。每每跟現場單位吵的面紅耳赤，只是讓雙方負面情緒日漸升溫而已。

顧問會覺得：「你們這些人怎麼都不願改變，到底在做什麼？明明就有一條好的方向、正確做法在那。」

現場單位說：「顧問就是不食人間煙火，很多現場問題你不懂啦！」

後來碰過幾次灰、栽過幾次坑後，我學會了換個立場思考、換個語氣說話，圓融但不是圓滑，很多時候你說對的事，卻把樓梯

抽掉完全不留台階與情面，真的只會拉高仇恨值。因為這時候已經不是談論對錯是非，而是個人榮辱。

把「明明就可以」改成「要不要試看看」。

把「你們說沒辦法」改成「我們來努力看看」。

把「我就跟你說吧」改成「沒關係一起檢討」。

世界會和平一點，工作也會更好過一點。真誠是最大的武器，面對老好人或是控制狂，大家都是打工仔，沒有要你死我活，但在資訊不對稱、情況不明朗的時候，逃避抗拒或是自私考量，本來就是種保護機制。

> **用以身作則的堅持、真摯柔軟的溝通，**
> **會讓改善變得更容易。**

 老好人：專發軟釘子，無助公司改變
對　策：公司經營層的堅持加上時間驗證

控制狂：控制行為思想，無助人才培育
對　策：落實知識管理並給予犯錯空間

3-3

非制式作業的標準化策略，關鍵在時間與定量

○ 電商、維修、倉庫等變動性工作的標準化作業

「老師，我們電商業務三個人的工作主要是處理官網、Momo、蝦皮訂單，還有客訴回應以及一些雜事，但不像產線可以有標準作業 SOP 在，而且作業時間差異很大，這樣要怎麼做改善？」業務主管 Maggie 問道。看的出來這不是推辭的藉口，是真心的疑問，因為間接單位作業的困境是工作變化大、難以標準作業且異常突發情況多，因此公司的業務主管特別想來請教如何進行改善活動。

間接單位可不可把工作標準化？

不過在這之前，我倒是認為企業在面對非制式作業（間接單位）有幾個迷思想要先跟大家澄清：

① 我們的工作是沒有辦法有標準的。

② 突發異常很多，需要經驗對應。

③ 管成這樣，別把我們當機器人。

針對①我想講的是，不要拿動作組合來談，不管是生管、採購、會計、研發、業務等間接單位，都會有存在一定比例的例行性作業。例如數據填寫、定例會議、資料準備等，我們並沒有要否定

某些需要高度自主性判斷的作業內容，**但更希望這些例行性作業可以設定標準並加以改善。我相信大家也不想要花很多時間處理瑣碎雜事吧！**

再來談談②，沒有錯！每天都在拆彈一定會很有成就感，因為我們又搞定了一件突發任務、解決了一樁奇門異案，但是80%所謂的異常事件可能都來自前20%的原因項目。有沒有打電話給銀行客服專線的經驗？是否有感覺到近年來的客服專線，往往都會讓你撥號選擇固定的問題選項，要真的接到真人客服是有難度的。原因就是因為絕大多數人們會打給客服的問題都是相似的，真人的時間要盡可能保留給真正有著特殊問題的客戶。**如果我們也能夠把過往應對經驗給標準化，那麼或許有80%的突發異常都有機會「有例可循」，讓人可以做更有價值的工作。**

最後談談③，管理的目的本來就是希望把資源放在更有效益的地方，人類的重點是歸納過往經驗而形成標準，以及面對問題演繹出可能的解決方法。如果這份工作還有存在的價值，那公司也不可能把你看成機器人，因為不論是ChatGPT或是微軟的CoPilot應對例行性事務的高效率都讓人印象深刻！所以公司不會把你當機器人，真要的話公司會直接使用機器人。

很多企業的間接單位往往會有「改善是現場的事」而抗拒參與改善。因此就讓我們來好好談談非制式作業可以怎麼切入做改善呢？依照非制式作業的性質，分成前後流程及單兵作戰兩種型態來說明。

◎ 前後流程：用時間來呈現

例如紡織業越南廠的工務單位整理過往半年來的設備停機時間，原本以為每次故障停個 20 分鐘、30 分鐘，但仔細探詢停機時間的定義就發現並不是這麼一回事。例如設備零件故障需要更換，結果請購零件的一週時間並未算入！挖～這可不行。

想要好好解決問題的第一步：大家對於問題有共識。所謂的停機時間應該是從異常發生到恢復正常運作的總時間，而且不要只把停下來才當作異常，只要設備功能低下就是異常。

若以流程順序跟時間軸來看，異常發生 - 異常發現 - 異常通報 - 異常檢測 - 異常排除 - 回歸正常。其中有六個重點要好好跟大家討論：

✎ 一、發生不等於發現

發現異常的時間點並不一定等同於發生的時間點。例如早年汽車輪胎如果異常，駕駛何時會發現？可能要等到停車時看到輪胎沒氣扁掉或高速公路行駛時爆胎。但現在有賴於科技工具的進步、標準單位的建立，越來越多汽車輪胎內建胎壓偵測計，只要胎壓不在標準範圍內，就會立即顯示。

✎ 二、發現到通報的及時性

接下來的發現跟通報同樣講求即時性。例如透天民宅二樓電暖器起火，在一樓客廳的老奶奶要多久才發現？發現後老奶奶要拄著助行器去打室內電話，好不容易接通後面對消防人員對地址的詢問，結果老奶奶因為記憶力不佳又緊張而支支吾吾。

這時候想像一下如果有住宅火災警報器並且直接連線到消防局呢？是不是從發現到通報的時間能夠大幅縮短呢？

✏️ 三、通報到檢測的責任分攤

通報到檢測間是否有更合適的工作分配方式呢？例如有些公司的工務單位（設備保養維修）對於設備故障通報的派工是以排班方式進行。結果我可能對電器類比較在行，卻被安排去維修機械類問題，努力了三個小時後宣告放棄再回去求救，這樣好像不太好？

如果工務單位依照功能專長分工會不會更有效率？另外通報的內容品質也是值得關注的重點，現場單位到底能否講清楚是哪裡壞掉？又是什麼問題？這會讓後續檢測更好做。

✏️ 四、檢測到排除的事前準備／能力

如果檢測完後，發現是某個消耗品壞掉，明明是個小東西、現場也著急等待，結果我說要出去振宇五金買一下，現場主管應該會想要殺了我。事前準備是指常消耗或長交期的零件，在廠內建立適當庫存以備不時之需。

另外就是檢測能力的培養，能否跟抓漏師傅一樣快速找到問題點。或是公司有整理常見問題點的清冊，讓人員可以迅速查找也是種做法。**異常部位的可視化、異常的簡易判斷同樣很重要。**

例如設備上有白色蓋子，內有加熱棒，可由於現場環境濕氣重、蓋子也沒有密封，因此容易走火故障。如果我們改用透明蓋子重新密封，並且在其中放入氯化亞鈷試紙，就能夠輕鬆簡易用顏色判斷密封程度與水氣是否滲入。

✎ 五、排除的原因分析、對策作法

這部分就是透過 5 Why 分析法去找出真正造成問題的原因，並且列出對策。**我們最在意的是表面解會讓問題無法根絕、不斷重演，更有甚者則是掩蓋問題的存在。**

如果是壞掉的是消耗品，對策會從這四個構面來著手：

- **更換時間的優化**
- **備品制度的建立**
- **損耗週期的改善**
- **點檢保養的落實**

若是非消耗品的話，那需要注意以下兩點：

- **再發防止的原因分析及對策**
- **日常點檢、保養的落實**

✎ 六、再發防止的確保根治 - 管理落實

對策執行之後，如何在日常生活的管理落實呢？例如我們將螺栓調整到固定位置，讓設備作動順利，那接下來要如何確保？又或者管線破洞洩漏問題，已經修補好，接下來每次生產時要怎麼確認呢？**改善對策怎麼轉變成日常的點檢項目、保養內容就是關鍵。**

透過以上案例的呈現，相信聰明的你會發現透過時間這個公平、公正、公開的單位呈現，會讓大家更容易藉此理解並修正問題，而不只是充滿個人觀點、形容詞的討論。

◎ 單獨作業：用定量單位來區別

「老師，倉庫作業要怎麼做改善？」其實不管是哪個單位的改善，能不能找出關鍵的量化指標，會是後續追蹤評估的關鍵。往更深一層來說，這個指標肯定會連結到你改善的目的。

「可是出入庫作業的庫位有遠有近，每張工單的揀料數量有多有少，要怎麼評估呢？」雖然倉庫作業屬於單兵作戰，每次的工作都會有變化，甚至每天的工作量也有可能因為客戶需求訂單不同而有差異，**但我們可以自己把變化範圍收斂，短期的波動如果「把時間拉長」，就顯得平滑並相對穩定。**例如每日作業量波動很大，但如果放大到以「月」為單位來看，那麼這些差異就會被彌平。所以我們在倉庫作業就以「每月出入庫件數」除以「每月總投入工時（含加班）」得出「每人每小時平均出入庫件數」作為比較的標準。

當有明確的量化指標在，我們就能夠討論：

- 不同庫區的人均產出會一樣嗎？【人員的工作配置】
- 不同作業的人均產出會一樣嗎？【出入庫工作配置】
- 不同人員的人均產出會一樣嗎？【熟練度】
- 間接單位是否能讓直接單位更好做呢？【流程改善】

而且有量化指標在，我們更能夠知道是要看「曾經有多好」以恢復實力，還是要看「未來要多好」以挑戰未來。

同樣的概念用在以個人作業方式為主的肉品分切廠也可以適

用，以雞隻來說，客戶訂單需求可能是里肌肉、骨腿、三節翅等，內部還有雞隻公母、規格大小、品種、冷藏冷凍肉等差異，甚至作業人員也有年資、性別、國籍等不同。過往，大家光是討論標準制訂方式就吵得不可開交，當我 2019 年進廠輔導時也是相同景象。然而當我跟公司經營層放大到年的角度觀察公司訂單時，就發現其實差異不大。所以就直接以人均產能來檢視改善需求與效果確認。

從 2019 年至今，改善活動也推展四年多的時間，如果用人均產能（每人每小時盒數）來驗證改善效益，結果如下：

2019 年上半年——68.5 盒
2020 年上半年——85 盒（相較 2019 年，提升 24%）
2023 年五月——110 盒（相較 2019 年，提升 60%）

我不會要改善團隊逐月檢視，但有些成績是你突然回頭看才會發現，原來我們已經走這麼遠了！不過如果要指引接下來還有什麼改善可能性，我會說是「線外人員」的改善。就內部生產資料來看，平均每位線外人員協助 2.8 名產線人員，跟其他製造業相比的比例偏低。

被量化的同時要溝通目的

間接單位的流程改善首重「目的」，直擊靈魂深處的提問—「我們為什麼要做這件事？」、「有更快、更簡單的方式嗎？」，然而間接單位多半反應的都是「特例」，例如交期拉很長、缺料、

客戶臨時改單等，因為特例會被罵，所以要先拿出來解釋。間接單位很少因為整體效率、投入人力、品質問題被罵，因為間接單位多半人少，所以被 highlight 的機會就低。但正因如此，所以改善時我會特別注意兩點：

- **特例的發生頻率**：不能每次都是特例，但其實出現頻率一點都不低。
- **例行性作業改善**：不只因應變化，總是有每日規劃與作法可以改。

間接單位可能會說：「要花很多時間調查，就已經很忙了！沒空啦！」

【顧問回饋】

請第三者調查的結果又說他們不懂。沒有量化指標，要怎麼知道真正頭痛的問題在哪？如果真的沒轍，那「你覺得怎麼做比較好呢？」

間接單位可能會說：「花時間調查跟調整，可是最後也沒有比較好。」

【顧問回饋】

如果都說是前面流程的問題，那我們自己都沒有嗎？再說改善本來就是種試錯的過程，走過至少知道以後不能用、換別條路走。

間接單位可能會說：「反正我們單位就是能者多勞，每次累都是我們幾個」

【顧問回饋】

A 一天處理 200 張訂單、B 一天僅處理 120 張訂單，請問 AB 兩員在公司薪資或考核制度上有什麼差異嗎？如果公司的回答是「沒有差異」。那你覺得整體會進步還是退步呢？

不出意外的話，A 會退步，不要說什麼能者多勞的鬼話，當你認真工作時發現隔壁慢半拍跟你領一樣時，你也會覺得錢不到位、心委屈了。所以通常對於從事非制式作業的人員，在人員考核分級制度將薪酬升遷跟考核綁定，甚至如果工作分類夠明確的話，本薪加上計件獎金，藉此來凸顯員工效率品質上的差異。

改善不會也不應該只是部分人員的責任，公司組織的整體改善才能夠長治久安。為此請大家不要忽視間接單位或非制式作業的可能性。

非制式作業的分類與改善

工作性質	多人流程作業	個人作業
如何解析	用時間斷點來解析	用定量單位來解析
關鍵重點	·實際作業時間 ·停滯間隔時間	·不同產品比較 ·不同區域比較 ·不同人員比較
舉例	設備故障 從通報到維修的過程	倉庫出入庫作業

3-4

高階主管是改善造局者，從三前提下手

──○ 台灣勞力密集產業如何設定改善目標的實戰策略 ○──

　　因為工作的關係，常常需要跟企業高階經營者討論合作事宜。如果你問我最常被問的問題是什麼，我覺得要分成兩階段來談，就是公司改善活動開始前、後作為分界。推動改善前，老闆最想知道的就是：「為什麼大家都不想動？」當然這個問題很複雜，有可能像被消失的馬雲說的「錢不到位」或「心委屈了」，甚至還有公司環境、主管風格、同事相處等問題。

　　然而改善活動開始後，反而最怕聽到大家說：「我們能改的都改了。」隨著改善的邊際效益低減，一段時間後大家開始覺得公司交代的任務已經完成了，而且較低的果子也都已經摘完。這時反過來詢問老闆是不是能夠回歸正常生活，不用再特別做改善？

　　就像我最敬愛的老師──政大企研所名譽暨講座教授 司徒達賢老師談論策略分析時所談到的三個前提：**環境前提、條件前提與目標前提，環境有變動、條件有消長、目標會不同**，高階經營管理者有時候更應該要扮演「造局者」的角色，透過公司長期策略或營運目標的追求，出課題來讓功能單位來改善。接下來就讓我用企業實際案例說明之。

企業高階用「環條目」來創造改善題目

環境前提：產業趨勢變化是什麼？

條件前提：內部能力是否有消長？

目標前提：利害關係者想要什麼？

◎ 外部環境：大環境變動要未雨綢繆

對於台灣的自行車相關產業來說，2022 年開始的景氣衰退一路持續到 2024 年。還記得 2022 年底，有企業總經理拿出供應商公告文件跟我分享，看到連外籍同仁都輪流回母國休假三個月（最好是會再回來啦！）就表示這一波需求下滑幅度跟速度真的驚人。更可怕的是，產業景氣的急速萎縮，對於 2019 年到 2021 年間因為景氣看漲而選擇擴產的企業來說更顯吃重。

所以這時候要做什麼？當然是做改善啊！站在經營管理者的角度，你會有非常強烈的動機做改善。景氣好的時候，大家忙接單、趕出貨，衰退時對於各種損失的被剝奪感會更強烈，所以更願意動起來做改善。另外，衰退時不管是對於製造現場的要求、供應商的談判空間、客戶的轉圜餘地都比較有理由可以談。

景氣不好來檢討當然沒問題，但景氣轉好時也更應該檢討。接下來就以食品加工廠為例，因為疫情解封後的復甦，來自空廚業者的食材訂單大幅成長，有改善想法與目的是好，但不應該是拿 2019 年的流程、工時來複製或對比。但可以告訴我當時遇到什麼樣的問題？因為我們想知道：

- 問題是否有重複性？當年在意的事情還在嗎？
- 人員、物料、設備、方法可能都有發生變化，原本問題的情節大小是否有差異？
- 是否產生新問題？

簡單來說，**景氣不好時找尋改善機會點，景氣好的時候確認自己是否只是風口上的豬**。任何環境的變動，不管是黑天鵝或是灰犀牛都是我們可以透過長期持續改善而精進的。

當然有些顯而易見的產業變化趨勢，不管要我再重申幾次，我都願意再次強調──「我當然知道不換線、不換模的生產效率會更高。但這是我們自己能決定的嗎？是市場決定、是客戶決定的，少量、短交期是近年來的趨勢。面對這樣的趨勢，我們能做的就是縮短換線時間，才是最佳對策。」

或是產品生命週期的不同，企業應重視的改善重點也不會相同。 在成長期時可能要在意的是生產 Lead Time，也就是產品交付的速度；但如果是在成熟期，那麼有效提升人均產值、降低產品成本就會是改善的重點。因此在問題與細節出現前，公司要對環境變化有清楚認知才行。

自身條件：內部競爭力要時時檢視

我想來談談加班這檔事，特別是在烘焙業、屠宰業或是相對勞力密集產業來說。站在企業經營的角度，加班是面對訂單臨時變化時的對應機制，它必須仰賴於同仁們的配合，當然加班費符合

規定絕對不可少。但是如果把異常當正常就不是件好事，**「常態性加班」等同於把底牌都打出去，真的再遇到臨時需求、新訂單機會時就沒有轉圜空間。**

　　為什麼會特別提到「常態性加班」呢？因為對於許多勞力密集產業，幾乎就把一個人每天上班十小時當作是理所當然，但面對到 Y 世代、Z 世代的就業者往往會遇到員工流動率高的問題，因為工作並不是生活的全部，我們更重視家庭、生活、工作間的平衡。雖說外籍勞工的引進是許多企業主能想到的對策，然而企業能申請的員額有限，借牌這種黑暗兵法也不在我們討論範圍內，**台籍員工的流失或斷層長久下來會影響公司的品質、技術的傳承與穩定。**

　　所以每每我看到「常態性加班」的企業不免總有些擔心。因為短期失去對應變化的能力，中長期要承受人才流失的斷層。希望如果有遇到相同情況的企業真的要好好停下來想清楚。因為員工的人數多寡、加班意願強弱、作業能力差異都是影響企業競爭力的重要因素。

　　就像 2023 年舉辦聯華食品參訪時，我還記得桂冠食品王董事長在 Q&A 階段的提問：「貴司推動改善活動已經十年，現場同仁眼睛依舊會發亮，請問是怎麼做到的？」聯華食品的江志強總經理就從外部環境的變化切入，談到自身條件也需要跟著改變的重要性。在此節錄其回覆如下：

　　我們曾經跟協會一起到日本豐田汽車工廠觀摩，現場有個標語是「造物之前先造人」，這也是我們想做好的事。2000 年時公

司面對 WTO 開放市場的競爭，公司從「閒雲潭影日悠悠，物換星移幾度秋」變成「垂死病中驚坐起」，那時候董事長就開始每週寫一封 mail 給員工傳達公司改變的決心。我們也因為高階投入而現場跟隨，後面才是操作面上的軟性鼓勵與實質獎勵。甚至剛才各位在教育訓練道場所看到的改善案例，這些都是年度精選案例，能夠入選印製放在道場就是一種成就表彰。

作為外部輔導顧問，也常常被質疑：「幹嘛這麼累？為什麼要持續一直改？」每次只要有人這樣問我，我都很想懟回去：「那你幹嘛吵著想要加薪？年終分紅怎麼不固定就好？」因為環境變動與同業的動態競爭下，不進則退本就是常態，創造價值的製造現場怎麼可能置身事外？而員工年紀偏高，不等於就一定會抗拒改善。讓現場瞭解公司的困境、目標，再來尊重其經驗（不吝稱讚與重視），最後設身處地換位思考，不能跟大家說改善品質時卻罵交期，讓員工陷入兩難，否則大家就會往阻力小的地方走。

ⓠ 目標組合：利害關係者要對焦配合

倘若明年集團營業額要增長 30%，那轉移到子公司甚至是到功能單位，可能目標會變成「如何在現有人力下，效率提升 30%？」具體在製造端就要思考在現有生產量下，是相同人力投入工時減少 30%，還是相同工時下人力投入減少 30% 呢？後續可能要再轉成 TT 時間（節拍時間）來重新評估每個人的工作組合與負荷。

再來一個例子是台中某機械零組件廠曾問說：「老師，我們要

重視供應鏈採購還是廠內改善？」我的回覆是：「公司接下來要往哪個方向走？」（註：白話文翻譯是施主這要問你自己。）是專注研發端跟最終製造端？還是向上游整合強化製造功能呢？公司對未來走向的回答，也會影響組織內部的行為。

用一句劉德華曾說過的話來談組織內部的活動推展：「你認真，別人就當真。」高階主管的參與對於活動的推行很重要。就像你總不會家務不做、夫妻不溝通、親子不陪伴，然後來問婚姻專家說為什麼我跟家裡感情不好吧？而且高階也還要充當和事佬，瞭解不同單位間究竟在意什麼事情？部門目標 KPI 的訂定是否適切？部門目標跟個人目標間有沒有存在衝突？

ⓠ 作為主管要懂得出功課

企業高階是改善的「造局者」，沒有坐享其成這麼好的事，我們更要學會出功課給團隊一起激盪思考，才有新的可能性存在。不一定要從細節出發，我們從環境前提、條件前提與目標前提下手，更能夠兼顧組織內外部的資訊對稱、能力間的平衡補強以及不同身份單位間的共識對焦。接下來就是某間整合生產到服務的大型集團實際案例：

「老師，那我們就做精實來改善啊！」沒錯，讓製造功能提升就有機會降低加班工時，但是如果原本 8+4 的每日工時降至 8+2 後，公司又再接了新訂單進來又回復到 8+4 呢？那就會有種無力感湧上心頭，因為改善就是為了要降低加班工時，結果現在就像你 RPG 要破關前遇到一個魔王，好不容易耗盡 HP 跟 MP 值，

還有一堆珍貴的寶物將大魔王打敗後。魔王後面的門緩緩打開，走出最終魔王跟你打招呼說：「嘿～剛才那隻只是前戲，我才是真正的大魔王！」大概就是這種無力感。

這種情況有可能是哪些原因造成的呢？例如經營層過於追求營收的成長心態，或是業務單位的 KPI 或獎酬設計機制。

舉個例子來說明，A 產品利潤 20%，而 B 產品利潤 10%，過往公司主要都是以 A 產品為主，可是 B 產品的比重越來越高，對公司來說可能總營收仍有所成長，但獲利表現卻一直被侵蝕。

你說有沒有賺錢？有，但是這樣的訂單佔用了公司產能，也排擠了其他可能。這不是製造功能端可以解決的問題，而是公司策略選擇的差異。

但為什麼公司會接受 B 產品呢？幾個理由：

- 淡季時突破損益兩平點（至少不會餓死）。
- 策略性接單，為了客戶後續合作可能（為了打進新通路等）。
- 擴大規模，尋求在採購端的議價空間。
- 集團策略，為了壯大集團另外一家企業。

公司應該要思考清楚究竟做 B 產品的理由跟目的為何，並且定期檢討這個理由動機是否還存在，這樣才不會時間一久大家遺忘，反而影響實際營運。

> 我們必須要時常提醒自己從外部環境前提、內部條件前提與目標前提三者的交互關係，去制訂改善方向與檢討實際成效。

改善活動在不同階段的協助

	推行前	推行中	推行後
具體作法	· 溝通改善目的 　由上而下 · 收集現場意見 　由下而上 · 小規模試做 　配合度、效益、 　客戶在意	· 建立明確標準 　簡單易懂有數據 · 即時檢討回饋 　跨部門、高階決斷 · 執行進度追蹤 　持續 PDCA	· 修正標準內容 　不斷迭代更新 · 公開成果展現 　大家看得到，有 　成就感 · 強化推行力道 　績效考核、升遷
關注重點	**目的溝通**	**高階參與 耐煩不懈**	**修正錯誤 說明更多**

3-5

好主管詢問問題原因，而不是讓團隊解決現象

◦ 台灣餐飲與加工廠改善現場問題的解決對策思考 ◦

在桃園某金屬加工廠的輔導會議上，生產部 F 經理檢討過去半年內加班時數增加的問題時，我們有了以下這段對話：

我：「這幾個月加班時數多了 40%，是因為訂單變多嗎？」

F 經理：「報告顧問，那個...最近景氣不太好，訂單沒有增加。」

我：「那怎麼還需要加班呢？」

F 經理：「主要是因為鍛造機台老舊，故障率高，所以才要加班。」

我：「那我們接下來要怎麼做呢？」

F 經理：「我會建議公司要買一台新的。」

肢體動作會洩漏出真實情緒，雖然明知道這一點，但我還是忍不住邊聽邊歪頭做疑惑狀。機台老了就要換新的，這種說法我也會，渴了就要喝、餓了就要吃、累了就該睡，如果問題總是這麼直觀就能解決，哪裡還需要管理者呢？

要先講，我沒有慣老闆心態，總是拼命壓榨員工，要馬兒肥又不給草吃的那種。之所以會特別寫下這一篇是因為多年的顧問生涯中也是被欺騙傷害過好幾次，所以才想要特別提醒大家：「**現象的反面不是對策，原因的反面才是。**」

同樣的問題也發生在某餐廳的改善活動，排水孔被廢棄物堵住，結果看到大家的對策是「固定鎖住排水孔蓋？」（黑人問號）細究下才發現其實是內場人員往往在下班前打掃時便宜行事，一股腦把廢棄物往排水孔裡塞。那問題的源頭就該進一步探討變成「能不能不要產生這麼多地上廢棄物？」或是「能不能讓人員有簡單好清理的工具作法？」如果我們只看到因為問題而產生的現象，就直接把對策丟出來，就真的應了什麼叫頭痛醫頭。真正該花時間探討的是現象背後的原因究竟怎麼發生。

如果對於問題無法清楚論述，改善當然也很難著力。很多人在進行改善時會快速腦補、自動推論出行動對策，例如「問題叫做未統合油炸時間，因此我們現在針對各品項的油炸時間進行整合。」其實當我聽完也很難說這樣好或不好，因為問題的描述根本不夠完整，有講跟沒講一樣，點頭像是在替你背書，搖頭像是故意找碴。

⊚ 問題解決步驟——司徒達賢老師親授

作為政大企管系、政大 EMBA 的雙畢業生，我非常推薦可以根據司徒達賢老師的《問題解決步驟》來進行問題的論述、檢討與對策推進。我第一次在《企業個案研討》的課堂，坐在搖滾區（我習慣稱作妙麗區）聽到老師講解時，覺得這並不複雜困難，但卻能很精準地拆解並分析問題。**最重要的事情是老師把所謂的問題區分成「現象」跟「結果」，很大程度地讓職場工作者能夠區分而不至於混為一談。**果然是「重劍無鋒，大巧不工」越厲害

的工具往往能夠以最純粹簡單的方式存在。接下來就由我來為大家解釋闡述吧！

✎【現象】 先描述狀況，例如有什麼現象存在？它又造成什麼差異？

請告訴大家，現在遭遇了什麼事件、遇到哪種問題，對誰造成了傷害。另外還有這現象的發生頻率高低、影響範圍大小、損失金額多寡。

✎【結果】 持續發生的話會帶來什麼結果？這部分我們是否能夠量化計算？

現象持續發生一段時間會造成什麼樣的結果呢？請以量化數據描述。例如停機多少時間？造成多少重工的損失？報廢多少原料或半成品？賠償客戶多少金額？通常會以季、半年或年度來進行結果的計算。當然也不排除像是員工向心力變差、品牌印象受損等非量化指標，這部分並沒有強求一定要有量化數據才行。

✎【原因】檢討原因是策略／管理造成的？

針對現象來探究可能的原因為何？我們可以透過團隊成員的腦力激盪來進行檢討。主要可以區分成策略相關或管理議題。策略端像是市場定位是否有問題、組織設計失當、多角化跟產品組合等。

管理端像是是物料供應商的選擇、物料存放環境時間等，或是人為管理不當、設備選擇失誤、未落實定期點檢保養，還是生產條件標準不清等因素。

✏ 【對策】針對原因去設計行動對策，可做成本效益比較

對策請依循著原因，不是天馬行空或漫無目的空想，而是在架構上緊接著原因後列舉。對策同樣適用腦力激盪的方式，有修改前端設計、從供應商著手、改變內部作法、跟客戶商議等。最後請檢討對策的可行性以及成本效益。

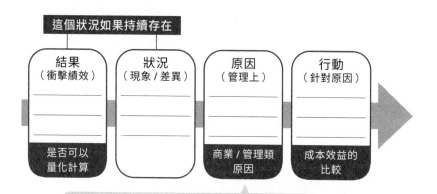

數字化管理總是會被批評說「你們這種就冷冰冰、沒有溫度。」可是如果對於問題無法用數字清楚描繪（不一定能百分百精準，但至少要有），那反而是種理盲、鄉愿的鴕鳥心態。別的不說，你手上的 3C 產品、精品其實背後不管從產品設計、廣告行銷出發，哪一個不是數字精密堆砌計算的產物呢？**千萬不要用感性來掩飾管理上的懶惰。**

再來要小心對於原因檢討的過於簡化，例如「老師，分店業績下滑就是因為 2021 年五月開始疫情升到三級造成的影響。」如

135

果是大家都能夠脫口而出的理由，那就沒有一點參考價值。相對的我們更想探詢「如果市場平均下滑 40%，會不會有些據點不減反增？或是僅下滑 5%？他做了什麼？」或是「會不會市場平均下滑 40%，結果你自己下滑 60%，那你在做什麼？」數字化管理另外一個重要價值就在於數據可以做比較。這當中數據變化的幅度、兩者間的差異量，更是我們探究真因時的重要依據。

對策擬定則要細分管理並具體詳細，例如針對高中生、大學生、上班族、外籍工作者，分別瞭解其出沒時段、客單價、喜好，能夠藉此做出不同的促銷活動。例如高中生下課通勤時段恰好是店面的離峰時段，如果能夠刺激高中生的消費，反而對於離峰時段的營收帶來助益。但同時我們也應該針對內部離峰時段的工作內容作出因應調整。

主管給問題，團隊找答案

許多主管喜歡直接下指導棋，然而我會建議主管千萬不要直接給對策，因為你會限制團隊夥伴對策發想的可能性，甚至還會把同仁導引到錯誤的方向。例如主管看到「動作的浪費」就要求現場改善，結果因為效率提升就變成「多做的浪費」。主管看到當然馬上發火說不能多做啊！會有太多的庫存！於是在現場只做到需求的數量就停了，因此就變成人員有「等待的浪費」。在大家聰明又機靈的組織行為學表現下，最後會發現放慢速度做反而是最保險的做法。

你覺得這很荒謬嗎？試想看看公司輸送帶產線的物料傳遞出了

問題，導致產品常常掉落到地上而產生報廢或重修品，當主管看到時就怒氣沖沖地責怪現場同仁「你們幹什麼吃的？為什麼可以這樣視若無睹？不是自己的就都不會心疼是嗎？」於是大家就決定派一個人在產線邊固守著，確實可以及時補救、亡羊補牢，但三天後當主管再一次到產線來的時候，這時候反而被唸說「其他單位都在喊缺工，就我們家嫌人手太多？」聽起來主管沒有直接給答案，而且他確實也是站在公司的角度著想，雖然講話討人厭了一點，但為什麼最後反而會讓團隊所有人都離心離德呢？

主要就是他的提問都只是針對現象，這很容易導致不思考的團隊會把現象的反面當作對策，以為主管在念這件事，那我們就不要讓這件事發生就好了。設備或產線如果會有故障的可能，就請想像成 ATM 自動櫃員機發生搶案。增設保全人員全天候固守絕對不是聰明且合理的做法，如何讓搶犯不好搶（日常設備保養、點檢）是一種方式，但總會有突發故障的可能，那麼被搶時快打部隊如何在短時間內進駐（快速維修）就是要努力的方向。

對主管來說比較合適的問句可能是：「小高，我們產線的地下品蠻多的，究竟是怎麼發生的？你可以幫忙調查看看嗎？不然這樣你們後續要重做或是報廢也是挺辛苦的」闡述現象並且好奇背後的原因，另外告知可預期損失，並鼓勵大家一起努力，這會是比較建議的主管給問題方式。

◎ 魔鬼出在細節裡，原因就在場景中

在新竹化工消費品廠的輔導時，大家談到封箱膠帶未貼牢，造

成客戶端客訴回饋。目前已經轉請膠帶的供應商將不良品與同批次的膠帶送回進行測試驗證。我笑了笑問大家：「你們覺得半個月後供應商的回覆會是什麼？」大家都是老司機般笑而不語，我說有哪個供應商會說自家東西有問題嘛！我們不能只是把球踢回給供應商，自己的鬍子要先刮看看才知道。幾件事可以先內部討論：

- 封箱膠帶不牢有沒有品項差異？例如單一箱超過 12 公斤重的產品才有？

- 封箱膠帶不牢有沒有產線差異？或是有特定人員造成？

- 供應商驗證期間，我們的臨時對策是什麼呢？

不論是原因檢討或是對策的擬定都應該越具體越好，這不是選舉口號喊喊而已，每次只要有人寫說「要開發新客戶」我坐在台前瞬間就滿腹疑問且連珠砲式地問出：「你要跑幾家？預計成交幾家？年度營業額預計成長多少？要在多久之內做好？是幾個人要去開發新客戶？用什麼產品，特規還是現有產品呢？」不是啊！你不講清楚，事後檢討時就不能一條條拿出來看。結論就是，不馬虎也是種提升競爭力的方法。

「我們在現場掛了好幾個時鐘，以提醒同仁要注意產程。」當我們在討論著設備在不同製程間需要掌控時間並添加不同原料，改善團隊的對策如上。我的回覆是：「提醒 ..... 要是人沒醒呢？」製造現場其實沒有這麼複雜，但是人為控制因素過多，等同於管理者把成敗壓在人身上。在原因分析或對策擬定時，改善團隊的腦海中應該要內建 3D 建模、數位雙生的場景描繪能力，去想像

具體細節與可能問題。

　　這樣講可能有點武斷且沒有經過明確的統計調查，但是自身經歷告訴我，**往往越高學歷的主管會容易先入為主給答案，並且忽略現場細節的重要性。如果不刻意鍛鍊自己面對問題思考並重視現場細節的能力，久了就容易把現象的反面當作是對策來下達。**到頭來，只會變成他人口中「何不食肉糜」的晉惠帝型主管，不可不慎！讓我們一起加油以避免它發生。

3-6

業務把客戶當上帝，對公司改善反而是種傷害

○── 台中智慧機械聚落的業務問題與改善策略 ──○

在 2021 年下半年，新冠肺炎疫情正在台灣肆虐，政府甚至升起三級警戒時。我正與台中的潭雅神工業廠商協進會一起努力，有超過十五家來自工具機、機械零組件、手工具、汽機車零組件等公司，共同學習何謂「精實管理」並且在各自的製造現場付諸實現。

還記得炎熱的九月天，戴著口罩在某自動化系統整合廠的現場，忽有龐然大物，拔山倒樹而來，蓋一木工機械也。超過五米的設備連同物料，加上作業所需的腹地空間，幾乎就佔據著這家中小企業近半數的現場空間。總經理 Ray 更向我解釋機台從四月份就已經開始架底座，而客戶更是早早就把測試用物料送過來，但對於驗收交機的終點，似乎八字好像只有一撇而已。

回到會議室後，我談到當企業規模還不大時，「人員」與「場地」就是兩個很重要的資源。以人來說，面對客製化訂單，如何分離出「共通性作業」並做好工時預估，將會是後續成長的重要課題。場地的部分，訂單切換造成的空窗期則是種機會成本損失，而過早準備的停滯更是顯而易見的浪費。例如四個月前客戶機台的測試料就已送入，但一個月後才會裝機完成，那這五個月

的時間，我們的場地使用都會因此受到影響。

時任潭雅神工業廠商協進會理事長的永進機械總經理—Patrick 特別補充工作如何有效消化的考慮因素，不光只是生產製造而已，其中「業務行為」同樣值得我們重視。**一開始公司為求溫飽而接各種訂單，但成長到達一定階段，光從業務端的溝通頻率、需求變動導致物料、人工費用的增長，就要考量是否需要從最佳實務來調整接單項目。**

香港知名漫畫《火鳳燎原》曾描繪呂布麾下大將高順所率領的「陷陣營」，以赤兔部隊的高機動力及不要命的打法著稱。作品中猛將高順有句經典名言：「陷陣之志，永不言退。」我發現許多企業的業務人員也都是相同精神！然而在鼓勵業務夥伴的熱情與專業外，卻有三種業務類型值得企業經營者謹慎小心。

沒有糧草輜重概念的業務

只要是屬於實體產品交易的生產製造商，我都會強烈建議老闆要讓公司的業務單位要有精實管理的概念，或是玩過《第五項修練》書中的啤酒遊戲，建立對系統、流程的完整認知。如果業務就只從客戶訂單來看待事物，就會忽視公司內部從研發設計、採購品管、生管製造等價值鏈流程的環環相扣。

業務人員只是單純附和客戶需求讓訂單量忽高忽低或走走停停，公司就要以訂單量的峰值來設計產能、採購批量、人員配置，一旦景氣下修時就容易產生浪費損失。

在資訊不透明、供需雙方彼此猜忌的情況下，往往會讓需求曲線波動擴大，客戶端會多訂，當然我們也會多買。 如果能夠透過協商與資訊共享，那麼需求曲線趨於平緩，不僅能夠減少客戶資金積壓成本，同時也減少我們的資金積壓以及空間、人員上的浪費。

愛大喊乘勝追擊者的業務

這種業務人員從心理學或行為經濟學角度來看，屬於損失規避（loss aversion）類型的人，認為損失的痛苦往往大於獲得的喜悅，這往往也跟公司對於業務獎金設計方式相關。就我看過的多數公司往往在獎酬制度設計時有成交獎金的建置，但在疫情後不確定性仍高時，客戶往往會下急單來對應市場需求。對企業來說久旱逢甘霖，當然是盡可能瘋狂吸收。有過相似的經驗後，為了因應客戶端更多急單的可能，業務人員甚至會希望採購單位先備料、製造單位先做半成品等方式來因應，但要是期待落空呢？

2024 年時籃協常務理事談到獎懲的炎上事件，說球員要求獎勵可以，但打不出成績丟臉的時候，是不是也該有獎懲制度，惹怒眾多網友。然而球員披上國家隊戰袍本就不是義務，**但職場工作者領薪水不能只有在成交時有業績獎金，訂單預測失準時卻沒有任何責任吧？**

然而我看許多台灣企業對於業務總是相對寬容，彷彿就是張柏芝飾演的夏迎春，生產製造相關就變成那有事時的鍾無艷。如果沒有預測失準時的限制器，只有成交獎金的業務，難怪會以衝衝

衝作為原則，但對於公司反而不是好事。

◎ 如果老闆也是業務

最後一種值得注意的業務就是老闆本人，如果是第一代創業主因為創業維艱，故多能鄙事，所以對於採購、生管、製造、品管等也有所涉獵。而我要談的是二代接班的老闆，很多時候會往業務、行銷端走（因為老爸老媽有交代客人很重要），其他方面則有一眾老臣能人擔待。倘若過度忽視直接單位可能帶來的影響或風險，甚至對於自己麾下的業務多有偏袒時，就更難解決前面所說的兩種情況。

例如我就在某機械加工廠跟二代老闆檢視著製造現場過量半成品庫存以及批量生產問題時，老老闆看似親切地路過會議室，冷不防地丟出一句：「Clark 你與其花時間討論大陸廠的問題，不如想辦法多去接幾張單回來」

我只能說或許公司氣運亨通，過去數十年來都游刃有餘。但過度偏差的管理價值觀，就跟親子教養問題一樣嚴重。不過佛渡有緣人，更遑論我頂多只有體型像彌勒佛而已，企業二代總經理小聲地跟我說抱歉，至少欣慰的是他有發現庫存問題對公司造成的金流影響與品質不落實。

除了上述三種行為以外，其實最重要的是我們怎麼看待「客戶」跟我們間的關係。客戶是上帝嗎？我們常會覺得客戶不合理的要求是磨練，但只磨練到我的技術，卻也沒能磨練到我的口

袋。但究竟要怎麼跟客戶溝通？我想前提仍舊在時間上，沒有明確的時間就無法讓客戶可以想像或計算損失，以客觀理性的角度，時間的存在更能夠讓人就事論事。但之所以許多企業不願意談時間，每次跟負責單位要時間的答案就好像是下軍令狀，其實有可能是我們因為討厭或規避損失而放大其程度。

@ 客戶不是上帝，你的退讓只會換來更多忍讓

例如曾經有家貿易公司問我說，公司明明規定好的出貨時間，總是會有幾家客戶壓底線下訂單求上車，造成內部作業的困擾。我的建議有二，第一種是當客戶可以溝通討論（被教育）或是佔比很低時，應該設定明確規範，訴求讓出貨作業更好做（相同工時更少人力）。像是博客來就是明確告知，讓消費者習慣中午前訂，明天就能夠在小七取貨。

另外一種作法就是不得罪「所有」客戶，既然客戶會壓底線才下訂單，那麼我們就將改善重點放在如何加快理貨出貨時間。例如原本需要 30 分鐘，若有機會在 10 分鐘內完成，那麼就能夠多爭取 20 分鐘等待客戶臨時的變動需求。既然捨不得訂單流失的風險，那就要對自己更嚴格。

什麼叫作「立場」？就是在自己認同的角色下，做出最大效益的判斷。所以對內會議時，我們要學著從功能單位的立場，轉換成公司經營的立場來看問題。在對外業務關係上，我們更要站在自家角度去看短期效益，是否會帶來中長期的危害？改善需求或動機是否明確，會影響公司團隊怎麼看待問題、找尋問題。或許

我們可以先從銷售端開始思考：

◎ 從業務單位啟動的改善需求

業務單位是公司對外連結的重要部門，究竟有多少改善的需求，往往都能夠從業務的預測中得知。有幾個重要問題是現場改善團隊應該要跟業務單位確認的。

問題分類	問題核心	如何改善
①明年預期產量需求會上升嗎？上升多少？	產能是否需要提升？	這會影響改善題目方向的決定，產能是否也需要跟著提升？增加開班數夠嗎？人員配置夠嗎？再來效率是不是也要跟著提升以減少開班數、減少加班、減少增聘人數。
	伴隨產量需求提升的問題	伴隨著產量需求提升，我們還可能遇到什麼問題？會否因為量大而產生品質問題，例如供應商的負荷能力、我們自身檢驗能力等。再來庫存是不是會增加，存放空間夠嗎？存放或供給方式要改變嗎？
②產品組合（比例）會有變化嗎？	產線選擇與目標產品的決策	這就會牽涉實際題目的選擇，例如我們要以哪條產線為主？其中又要挑選哪個產品為主？這個產線的目標產品在生產過程中會遭遇到什麼問題？瓶頸又會在哪個工序發生？

🎯 從客戶角度作為改善的目的

現行做法的目的是什麼，這些事究竟是客戶在意還是我們自己找事，可以從根本問題開始重新思考探索。

✎ 為什麼我們要這樣做？請用數據資料來說服

不管是產能效率、庫存多寡或品質規格都應該要有數據資料呈現，因為這才能夠賦予後續的改善活動有明確的比較基礎。

✎ 客戶（後工序或實際客戶）在意嗎？跨單位（內外）溝通

我想推動精實管理很重要的一個思維前提就是價值考量，這個活動有沒有存在的必要性，使用者不論是後工序或是最終使用者真的在意它嗎？透過像這樣的自我檢視來消除製程中的浪費與閒置，讓整體製程更有效率。為此你可以透過以下四個問題來進行自我審查：

- 能不能不做？
- 要做可以，怎麼做比較有效率？
- 要做可以，有多收錢嗎？收的夠嗎？
- 要做可以，一定要在這做嗎？會不會往前移、往後挪會更好做呢？

舉個例子來做說明，例如雞隻屠宰廠針對團膳業者客戶，必須要精確計算產品數量「今天 OO 國小要 500 份雞胸、XX 醫院要 250 支雞腿」這些需要花費人力且心無旁騖地執行，每日需要兩個人 9 小時的作業時間。會議上我就問：「少給當然不行，那我多給一點可不可以？」團隊的回覆是不行的，因為計價方式是以

重量做收費。有意思的是你要幫人家計數，然後是秤重在賣？好吧！我能理解對有些訂單生意來說，創造與客戶間的連結也是種廣告效果，不過短期或是特定幾家你能這樣做。如果生意擴大，你真的有把計數的成本算進去嗎？

我們當然可以矇著眼捨本逐末去改進優化計算產品數量的方法，但或許更根本的問題就是你用重量計價，結果人力時間都在算數量，這才是需要面對的矛盾之處吧！

德國哲學家黑格爾說：「人類從歷史中學到的唯一教訓，就是人類沒有從歷史中吸取任何教訓。」如果我們才剛從新冠疫情所帶來的全球企業變動中緩解過來，至少要記得工具機、自行車、半導體、記憶體、鋼鐵乃至到近來的電動車、電池等供給過剩的庫存危機吧！業務人員要攻城掠地、衝鋒陷陣，也別忘了背後需要兼顧的穩健補給線才行。共勉之！

從業務單位啟動改善需求

1. 預期產能需求變化

2. 產品組合比例變化

從客戶角度檢視改善目的

1. 用數據說明為何要改

2. 客戶在意的事情是啥

第四章

切換

因應需求的靈活

切換時間少量多餐，管理者的快速安打策略

────○ 台灣食品業如何減少清機時間的具體策略 ○────

　　設備為主的產線結構，常見於食品加工廠、印刷、消費品等企業。大家很常為了清機結線作業而感到頭痛，每當一天生產結束時必須要把產線上所有物料、垃圾、雜質等清潔乾淨，一方面避免藏污納垢影響產品品質，同時也需要把今天生產任務做個完結。至於為什麼會頭痛呢？**因為這樣的作業屬於非生產工時，無法創造價值**，要是每天要花個一小時做清機結線，一個月算二十二個工作天就好，幾乎就等同於三天的產能消失，影響可以說是巨大！

小規模、高頻率

　　公司規模小，犯錯成本就低。透過改善來減少非稼動工時，除了提升團隊能力外，更重要的就是增加公司的風險耐受程度。然而究竟要怎麼減少非稼動工時，特別是清機結線時間呢？首先讓我先問看看大家：

　　抽油煙機的濾網，你覺得每個月簡單清洗一下跟農曆年前大掃除再來一口氣清洗，究竟哪個比較省時省力呢？

　　我的答案會是每個月清洗，例如把外蓋旋開並用廚房紙巾擦拭濾網上的油垢，每次耗時三分鐘，一年下來花 36 分鐘在這件事上面。但如果是放了一年以後再來清洗，可能要先浸泡小蘇打、熱水，再用鋼刷或菜瓜布加清潔劑用力刷洗，這樣可能需要近一小時才能完成。更不用說一年才洗一次，到後期抽油煙機的效能會逐漸衰退，甚至你還可能擔心油垢掉落的風險。

　　其實這就是種小規模、高頻率的精實管理概念。具體案例就發生在彰化的屠宰業，脫水機堵塞需要人員每三小時清理一回，每回耗時 30 分鐘。而每個月則需要三次大清潔，每回需要五個人花費三小時處理。當我們對於造成的損失大小與頻率有明確量化數據時，對策也能夠藉此來進行。後續改善作法就建議改成「小批量多回次」，透過清理頻率的提升，藉此避免堵塞發生，投入工時從每三小時清一回、每回 30 分鐘，改為每小時清潔一回，每回 5 分鐘呢？（註：這個對策的前提假設是堵塞情況輕微時，人員會因為好處理，需要的清淤時間會比較少。）

◎ 管理型對策：治標不治本，但有效

　　上面所談論的是種管理型的對策。一般來說，我會把對策分成兩類型來思考：

①**技術型對策**：透過結構設計、工法改變等讓原先問題一勞永逸解決。例如原本有漏水疑慮的塑膠管線，更改為不銹鋼管。

②**管理型對策**：透過點檢項目、頻率時間的改變，讓問題減

緩或消除。例如清潔頻率拉高，讓堵塞問題趨緩。

技術型對策	管理型對策
透過結構設計、工法改變 來解決現有問題	透過點檢、頻率時間改變 讓問題緩解或消除
一勞永逸的根本解	先求有，至少利大於弊的臨時解
全壘打，效果好卻可遇不可求	串連安打，密集上壘也能得分
可能需要長時間構思驗證 才會有效益	能夠短時間內快速確認並實現

技術型對策可能需要時間設計、實現，而管理型對策在時程上會比較快，但前提要先確認「利大於弊」（創造效益大於花費資源）。 我常會提醒客戶團隊不要埋頭只想著揮出全壘打（技術型對策），不要忘了串連安打（管理型對策）同樣能夠為球隊帶來勝利。

接下來就讓我用實際的案例帶大家一同來檢視究竟管理型對策在思考、擬定、執行、檢核上有哪些重點存在呢？首先，如同前面所提，這家彰化的屠宰廠清機結線作業目前是由一群高工時的員工下班後負責，但是不論在加班費用、清潔程度上都有很大幅度的改善空間。目前最容易被質疑的問題就是認為清機結線人員「沒洗乾淨」。

然而這是有明確的驗收標準嗎？因為清機結線作業的「時間」絕對會受到「允收標準」的影響，就跟裝潢你也可以木工做完就

簡單掃掃地完事，但如果是要求到細清水準，那花費的時間肯定是兩三倍以上。

然而清潔標準請不要用形容詞，例如乾淨、明亮、整潔，又不是在成功嶺精神答數，形容詞會讓人無所適從，因為會因人而異。**請以「有」或「沒有」做標準，例如檯面無水滴、地上無肉屑或巡檢時確保衛生紙補齊等等。**

清機結線作業若要開始進行改善，其前置工作包含這幾項：

1 明確定義各區域、機台、部位允收標準（清潔程度）。

2 以此標準執行，觀察並記錄實際花費的人工作業時間、作業順序與使用工具等。

3 設定改善目標來進行改善。

不會建議大家一開始就直接要低減工時或是成立清潔班專責執行，先確定好標準並充分瞭解現況後再開始動作。另外有幾個現場管理重點提醒：

✔ 廢棄物容易堆積在設備的哪些部位，我們怎麼讓它不會卡？

堆積在好清掃的區域就算了，卡在隙縫死角超難清，我們能不能塞住隙縫死角避免卡料？因此需要檢視堆積卡料的

✔ 少量多餐的清掃方式，讓堆積減量

廢棄物一旦累積夠多，人員作業難清，甚至高壓水槍也無濟於事。倒不如提高清掃頻率，每次清一些，最後讓結線大清機時間可縮短。例如過往是花費兩小時的大清機，現在改為每兩小時清

機 5 分鐘，整天下來可能多了 20 分鐘的小清機時間，可是卻能讓大清機變成一小時。那麼整體清機時間就是從兩小時降為一小時又 20 分鐘，何樂而不為呢？

✎ 容易堆積廢棄物的設備機構，從一體成型改造成可拆卸式

類似抽油煙機的濾網，我不需要整個抽油煙機拆下來洗，因為濾網正是最容易堆積污垢之處，只要它好拆就能夠節省很多時間。

◎ 管理型對策：用分工來提高效率

管理型對策雖然治標不治本，但至少能夠減少該問題所需要損耗或佔用的資源。例如把容易掉落的廢棄物集中收集、容易卡料的死角變成好清理，或少量多餐來避免損失擴大。

面對到真正需要花費人員工時的清機作業，特別是牽涉多人、多時段、多種清潔方式的工作，我們更需要注意當中的分工方式是否有效率：

- **各工作的時間**：有無標準？人員一致性？接續的目標？
- **各工作的銜接**：是否能夠減少中途閒置的時間？
- **各工作的作業方式**：包含作法、工具使用、順序等。

作業時間要給清楚的標準，如果有看到不合理就應該要盡快改善，例如我今天做 30 分鐘，同樣工作明天你做只要 10 分鐘，究竟是我拖拖拉拉、重工浪費，還是你草率行事，這就應該被改善。

作業方式上，首先要把各區域作業的順序給標準化，例如要先

從左到右、從上到下就應該規定清楚，而不是各唱各的調。工具的改變就像是你如果拿家用的除塵紙拖把在百貨公司裡使用，那肯定會掃死。

最後在工作的銜接上，大多數的工作銜接比較像是田徑場上的大隊接力，時間上前後兩者的距離是有重疊的。而不是像游泳比賽的接力一般，一定要前者手碰觸到牆壁，下一位泳者才能夠下水。（即便如此，你還是可以看到大家在儘量追求無縫接軌）舉例來說沖水後要噴泡沫，但我們不需要等整個區域的水都沖過後才噴泡沫，比較好的銜接就是你前腳剛沖完，我後腳就開始噴泡沫，對吧？

管理型對策：跨產業應用實例

最後想跟各位分享的是，管理型對策的概念不僅用在清機結線作業而已。例如在台中的金屬加工業者在檢討刀具損耗的優化改善，同樣是透過少量多餐的方式來增加刀具整體的耐用程度。

加工單位要降低刀具損耗，我們可以從幾個角度來著手改善起，其中我很喜歡陳課長將刀具比喻成鉛筆的概念，大家一起感受看看。

- 要削鉛筆（刀具整修）的標準是否存在？作業員是否明確知道？
- 要削鉛筆（刀具整修）的作法是否一致？
- 有沒有特定產品、材質造成斷裂或磨損的比例高？是否有

更適合的形式、材質去進行實驗？

作為顧問的我，在現場提醒改善團隊兩件事，**一是「不要追求泛用性」**試圖用一把刀就想要進行各種材質、部位的加工。另外是**「不要只想著高級，也可以降維打擊」**許多時候我們試著用更好的鍍層、材質但最後計算成本時卻發現高得嚇人，或許另外一個角度是細分工後真正好做的範圍反而可以試著降階改善。

例如原本都只用一把 100 元的刀進行全範圍的加工，耐用程度大概 500 回。我們是不是能夠先把整體作業範圍區分成依照加工條件的難易度區分成 A . B . C 三種層級。試著找出最適生產條件：

- A 區域最不好加工，改用 120 元的刀，耐用度維持 500 回
- B 區域依照原本條件，採用 100 元的刀，耐用度維持 500 回
- C 區域最容易加工，改用 70 元的刀，耐用度提升到 800 回

這樣算起來整體成本會大幅下降，當然還會有換刀時間頻率、加工範圍差異等變因，只要在【安全】與【品質】這兩大前提下，任何改善都是我們可以努力的方向。

> 管理沒有標準答案，想多了都是問題，
> 做多了全是答案。

期望閱讀這本書的你，看完後也能夠把想法實踐在自己工作範圍，一起加油吧！

4-2

改設備之前先改人，產能問題用流程解套

台灣化工產業用人機分離改善產能與成本

佛家常說「菩薩畏因，眾生畏果」我個人因為點散瞳劑的關係，屬於比較畏光那一類的（不好笑）然而我常在企業輔導的現場，看到大家只從結果去討論事情，卻未能從原因去分析，結果往往事倍功半、得不償失。

例如當我詢問烘焙業的主管有什麼問題困擾著他，馬上回答：「像我們現在中秋節快到了，產能不足始終是我們最大的問題。」那產能不足該怎麼解決呢？主管又說：「明年預算聽老闆說是有打算買一台，但就緩不濟急。」所以怎麼做比較好呢？主管搖搖頭說：「現在就只能用加班來對應，但也不是每個人都想加班。」就回答的結果來看，這是公司整體的表現，所以主管呈現出來的是種無可奈何。但其實我在企業推動改善的過程中，很在意問題的切割與分類。

「產能不足是中秋節的關係還是一直以來都這樣？」—現象或趨勢的分類。

「產能不足，一天 10 小時的實際生產時間有多少？」—稼動／非稼動時間的分類。

「產能不足，在生產作業時人員操作還是設備加工是瓶頸？」—

人機時間的分類。

　　上述的前兩項其實很容易找的出答案，月銷量跟淡旺季落差就可以回答第一項，清機結線、換模換線時間則是回答第二項，然而第三項就需要好好來檢討。「**改設備之前先改人！**」公司改善**團隊在一開始時不要只想著調整設備**，換個角度來看，如果請設備廠商來調整設備機台或是換新機台就能夠解決問題，那這麼多年了，怎麼不做？要等到改善活動開始時才做呢？

　　在時間觀測資料中，要記得不要將「設備稼動時間」與「人員作業時間」相混淆。人機分離是個很重要的概念，因為人不應該成為設備的囚犯。特別在以設備加工生產為主的企業，現場有許多需要用人員監控的作業，例如大型混拌桶槽目視確認注水量、確認加熱溫度等，都會是優先改善的重點。擺脫人機無法分離的問題，其實沒有這麼困難，所謂的擔心品質或異常多半只是人員抗拒變化的藉口。倒過來想，那你都用人在現場盯著看，難道就都沒有品質問題了嗎？因此讓我針對人機分離的作業改善提出四大切入點來進行。

先把人員、設備時間分離

　　「老師，現在抽油管有氣動還有定量抽取的功能，買來用應該可以增進效率。」在中部某工業用潤滑油製造商的輔導會議上，團隊夥伴提到這個工具的新發現。這是個很好的例子用以解釋「目的」與「手段」的關係。如果只是單純購買氣動抽油管，我想有很大的機率僅能讓人員作業的疲勞度降低。**如果目的是增進**

效率，那麼就要從作業方式著手，氣動抽油管還具備定量抽取的功能，人就可以「人機分離」，這樣才會增進效率。不然只是在等著抽而已。

再來針對設備的部分，設備的非稼動工時比例會是我優先在意的重點。換線一次多久？設備異常情況？停工待料問題？品質確認？特別是換線時間是影響公司庫存的改善關鍵所在。

非稼動工時固然重要，但終究對整體生產工時的佔比不算高，反而在人機協作部分，人員在設備旁邊究竟扮演的角色是什麼，是監控還是人等設備的浪費，這同樣值得探討。例如產品包裝後需要熱封收縮膜，放料入包裝機要一個人、收縮膜封好後是另外一位拿出裝箱，如果設備一次作業要花 15 秒，而前後兩位作業人員的單次作業都只需要 5 秒以內，那也許配置一位就足夠。不然前後兩個人的等待時間高得離譜可怕。

人機分離釋放人的時間，讓其發揮更大的效益外，對於品質也能起到穩定的效果。因為當人可以專心一致、心無旁騖地在當下時間點只做好一件事，品質才不會因為分心、著急而受影響。

例如以大型混拌桶槽的注水作業需要精準確認水量來說，純水注入 953L 的量究竟要多久？如果答案是約莫 18 分鐘，短時間內最快的改善方式應該是設定 15 分鐘的倒數計時，讓人員只要 15 分鐘過後回來設備旁邊，專注看最後一小段時間，待液位到達時再關掉水閥，不需要三不五時就要探頭確認。我們只需要用更簡單、更土炮的方式，去百元商店買廚房做菜用的「倒數計時器」。至於長期的改善對策當然是設備端改造成定量供給並能自動停止

的機制。

在人機組合的改善上，追求人機分離或一人多機時要把下列三種時間區分清楚：

- 人員手作業時間（上下料、修毛邊、量測等）。
- 人員步行時間。
- 設備加工時間。

唯有把這些時間區分清楚，我們才能夠盡可能追求人機分離，不要讓人員在設備前等待，也不要讓設備空等待太久。

人員作業時間的改善

當我們能夠理性地把人員作業時間與設備加工時間給區分開來，接下來就可以開始來進行改善活動。首先是針對單點作業的改善，如果能夠把目前需要人員跟設備並行的作業分開，那就可以釋放更多時間可運用。

例如在精密金屬加工廠的作業人員拿空氣噴槍將工件的水分吹乾，因為涉及範圍大、死角多且標準難以定義，這時反而可以思考固定多支噴槍，人員只負責把工件固定後即可自動吹拂，這時人員可以在一旁去除工件毛刺，等到自動機台完工後便將其拆下再手持空氣噴槍吹拂死角處。**整個工作設計的目的是縮短整體工時，拉高產品標準化程度，同時也能減少人為差異。**

接下來是針對一人多機作業的「時間點」也很值得注意。以新

竹的貢丸工廠為例，改善前的打筒機由一人顧三台，但三台設備的投料時間相近，因為當設備攪拌結束後，作業員的移動與作業軌跡如下：

1 號機除筋膜 -2 號機除筋膜 -3 號機除筋膜 -1 號機出漿 -2 號機出漿 -3 號機出漿 -1 號機倒肉啟動 -2 號機倒肉啟動 -3 號機倒肉啟動

這樣批量生產的模式會讓每台設備的停機等待時間過長，例如 1 號機已經出漿，卻要等到 2 號機、3 號機都出漿後才能再倒肉啟動。所以我建議將三台設備錯開時間、分批作業，把每台設備的時間間隔抓在 15 分鐘。另外也在每台設備旁增加醒目的標示，讓倒料順序及間隔時間清楚揭露，作業人員因為清楚掌握時間而不用擔心產品品質受影響。改善前一人三機每小時可以產出 580 公斤的半成品，改善後成長到 618 公斤，將近 7% 的產能提升效益。

◎ 人員作業範圍的改變

之所以把人機分離的議題放在切換篇，就是因為當我們把製造現場的人員跟設備時間區隔開來，人員的工作配置、作業組合就有了更多的靈活可能，這就是切換的真意。

✎ 相較於設備，人類更好調整

消費品工廠的幹部面對大型設備的條件設定與人員配置，跟外部顧問有一些爭執，現場幹部認為的改善路徑如下：【①透過參

數做人員配置】-【②現場觀察評估】-【③修正參數】-【④調整人員配置】

但外部顧問也就是我的想法是:【①透過參數做人員配置】-【②調整人員配置】-【③現場觀察評估】-【④修正參數】

最大差異就是我會建議先改變人數,再來看行不行。為什麼會這樣做,我的理由如下:

- 作業如果標準化程度低,透過人員增減是最快評估的作法。
- 因為人員的作業方式、速度會因為人數不同有所差異。
- 許多問題是真正實行才會知道,改善就是巧遲拙速,實踐才有答案。
- 想像中的高負荷、安全或品質問題,不見得會發生或其實是低機率事件。

✎ 用工序分工不如用產品分工

過往許多企業都會以不同產品的相同製造工序進行人員安排,例如做完 A 產品的攪拌作業後,會到另外一條線進行 B 產品的攪拌作業,雖然說看起來這樣讓人員作業熟練度高,但我建議公司接下來應該要思考把人員分工轉變成以相同產品的前後工序為主。理由就讓我用優劣分析來說明:

分類	好處	缺點
不同產品的相同工序	工作好學、好上手，因為都是類似作業。	容易提早完成，或只能提早完成，造成物的停滯時間長。
相同產品的前後工序	工作銜接較佳，減少停滯時間，效率更好（人機分離）。	多能工養成時間較長。

就這麼說好了，當工作分工方式開始以產品來思考，就表示大家開始有注意到「一個流生產」以減少半成品庫存。這當然不容易，但正確的事不就應該要堅持嗎？一個人負責多條產線的相同工序這件事最大的問題就是，我把三四種產品都完成相同工序，對於客戶來說一堆半成品其實跟沒做是一樣的意思。

人機分離後，人等機？機等人？

人機協作的過程很難追求完美的契合，每一回作業循環都恰恰好人員完成作業回到設備前，設備剛好也完成加工。如果真的無法配置這麼完美，那究竟是讓人等設備比較妥當，抑或是設備等人比較合理呢？

我的答案是寧可設備等待人員，因為設備是固定成本，買進來就設定好攤提年限。但人員對企業經營來說是變動成本（我當然知道人是企業重要的資產，不要炮我，但是當公司活不下去時，你覺得老闆會先賣設備還是先裁員呢？），特別是近年來傳產都

在喊缺工嚴重，如果老闆一邊大聲疾呼缺工，另一邊自己廠內人員等待設備的情況很多，就有點矛盾諷刺。

除非是高單價設備或專用機台，我們才會選擇用人來等設備。像半導體產業，設備的使用因為技術推展而有時效性，這時候寧可讓人員作業時稍微等設備，就像是 2010 年中國交友節目《非誠勿擾》裡某女嘉賓脫口講出的金句：「我寧願坐在寶馬（BMW）裡哭，也不願坐在自行車上笑」一樣，半導體業我們也寧願蹲在 3 奈米設備前哭，而不願在 10 奈米設備前笑。

> **切換看待問題的視角，從差不多先生轉變成細節控，那是因為製造現場就是人員、設備、物料、方法的排列組合。**

當我們能把人機時間分開來看，才會發現組合方式原來能夠更加靈活多元。

大家都想賺輕鬆錢，把握趨勢賺時機財、掌握技術賺優勢財，可是再怎麼蓬勃發展的市場或企業終究會面臨高度競爭且飽和的壓力，管理能做好的事情就是從每一件小事著手，用執行力去擴大跟對手差異、累積長久的效益，就從今天開始吧！

4-3

更換供應商也是成本，五招教你不換更有利

○── 台灣汽車零件廠解套供應商要求的策略

在汽車 AM（After Market）零件廠進行輔導時，生管經理與資材課長分別問到「顧問，如果客戶訂單是 300 顆，但原料供應商的最小供應量（MOQ）是 1000 顆時，要怎麼處理呢？」如果你期待中規中矩的回覆，顧問可以告訴你有這麼多的對策可供選擇，像是：

- **主動提高採購單價，但希望供應商能夠降低 MOQ。**
- **接受供應商的 MOQ，但要求對方能夠分批進貨。**
- **若我方議價能力夠，則告知客戶需要遵守最小訂購數量。**

只不過久了你會發現商場上有太多眉角是遇過你才會知道，例如公司高階不接受主動提高採購單價，原因是怕其他供應商有樣學樣而有連鎖效應；不敢跟客戶要求要遵守最小訂購數量，覺得外面景氣不好怕講了會掉單；不願意培養長期合作夥伴，每次新品開發都要重新選定供應商。**你要馬兒好，又要馬兒不吃草，如果都只有你佔優勢贏面，善良正派的供應商也不會與你到永久，**進而留在你身邊的就剩劣幣驅逐良幣，這麼一來，其實我們也很難做好公司內部的改善活動。

你要先改善庫存原物料、半成品還是完成品？

因為推動精實改善主要是著重在企業內部創價流程的持續優化，但如果供應商的來料品質良莠不齊、交期時間不穩定或是供給批量過大，對於公司製造相關單位就會造成很大的困擾。一來是我們難以在穩定的生產製程中找到更好的可能，明明說好的新作法卻會因為物料問題而不了了之。二來是對於現場幹部來說，供應商就成了所有異況或管理效能不彰的代罪羔羊。

我很常在與新廠商碰面時問大家一道選擇題，如果公司今天想要開始改善庫存情況，有三個選項，你會先從哪一個著手？

- 原物料
- 半成品
- 完成品

通常現場 70% 以上的夥伴會回答先挑原物料或完成品來做改善，詢問其理由多半像是：

「原料可以跟供應商談，少買一點、延後進貨或分批交貨都可以操作。」

「成品可以跟客戶談，看是用折扣促銷或是付款方式優惠等，趕快銷出去。」

每到這個時候我就會笑笑地跟在場同仁們說：「你們有沒有發現？你們的答案都是要求別人改變，**可是真正自己可以控制的只有半成品耶，但我們第一時間都不會想從自己身上檢討起。**」

⊙ 如何減少專屬陷入成本的影響

供應商問題就讓我想到台灣中部地區的機械產業，在小小產業聚落間有非常多的供應商在，你想要某個加工件可能就會有數十家小型供應商能夠滿足你的需求。想像一下早年電子街、光華商場那樣的場景，你想要買個 Power（電源供應器），選擇根本多到爆，但你反而會開始出現更多的擔憂，廠商如果過於分散，每一次交易前你都要思考他品質可以嗎？交期會不會延誤？

供應鏈的強度是種很難拿捏的藝術，強大的供應鏈，簡單來說供應商跟你互動極為良好，你要的東西不管品質精度、交期、數量都能幫你做得服服貼貼。

但要是某一天你不愛了，可能是因為有價格更優惠的選擇，或是新客戶有指定供應商等原因，我們卻會發現供應商轉移變得很困難，因為我們家研發主管的善變難搞程度他都可以搞定、我們家業務的囉唆易怒他也都可以克服、我們家品保的龜毛要求他完全沒問題、我們家採購的臨時更動他也都沒關係。現在看看新的對象（供應商），光是想到要跟他重新建立關係就覺得好累。以上觀點來自於**政大國貿系邱志聖教授的《策略行銷分析 4C 架構》，其中的 C4「專屬陷入成本」，也就是擔心移轉時所產生的成本損失**。就像是我本來一直儲值對 Apple 的信仰，哪天起心動念想換到安卓陣營時，都會想說那我 iCloud 怎麼辦？安卓手機跟 iPad、HomePod 要怎麼連結，然後想想還是回到 Apple 陣營一樣的道理。

為了避免「專屬陷入成本」對我們造成不良的影響，我在業界

看到有五種實務上的作法存在，提供給大家參考。

作法一：讓供應商承接更多作業

你可以扮演蜘蛛人的叔叔（Uncle Ben）跟供應商說：「能力越強，責任越大。」把更多的工序交給供應商，換取更好談的價格。

但相對要注意同時間你對供應商依存度也變高，所以這其實是雙面刃的作法。

作法二：用內製取代購買

我們可以檢視有哪些受限的關鍵零組件，藉由研發能力提升、資本投入使其轉為公司內部製程。克服原本外部供應商對於交期、價格、庫存的不穩定性。

不過最大的問題是：你得要有技術能力、量產效率，缺一不可。

作法三：尋求國外的替代來源

例如你一直都在台灣找供應商，難免、可能、或許會有一些價格天花板或樓地板的情況。

所以有些公司會另闢蹊徑，向國外找尋替代來源，例如麥味登就直接找紐西蘭乳源供應。不過需注意替代來源往往在價格優勢下，是否能夠保持品質穩定性。

作法四：用併購向上整合

對於關鍵零組件在時機、財力允許之際，將其併購成為公司的一份子，這樣站在中心廠的角度來看，怕喝不到牛奶？我家自己就養頭牛。但可能的問題就是：沒有這麼多錢，甚至會遇人不淑。

製造業若能往上游整合，減少物料、零件的購入進而轉為自製，因為少被賺一手才有機會增加整體利潤率。

不過工序增加就容易產生更多的半成品庫存。但我們可以用以下這三種方式來克服：生產排程連結緊密、生產批量減少與換線時間縮短。

作法五：用協進會連結關係

最後也是許多略具規模的企業希望建構的方式，將供應商建立協進會形式，包含不定期軟性的聯誼活動，或是舉辦教育訓練課程、顧問輔導活動，透過中心廠資源以協助供應商建立更好的品質、交期、成本，同時也要求供應商在價格方面能夠互利合作，甚至共同開發新產品。

可能的問題是：你不夠強大，廠商不一定會理你。

如果所謂的協進會只是杯觥交錯、吃吃喝喝，那就沒啥好說。但如果真的開始想要透過協進會形式來推動改善來創造並連結供應鏈間更緊密的合作關係，我有四點建議提供給各位：

建議	說明
鎖定明確主題：成本、交期、品質、庫存	設定清楚改善主題，讓大家能夠追求共同目標，有明確數字更好。例如庫存降低 30% 或是產品 L/T 減少 30%。
追求提案量，並要求更新速度	不是一季一案這種速度，而是一週兩提案的標準。在景氣低迷時期，公司可以指定組成專責團隊，不負擔日常作業，而是專門負責改善各種主題與現場。
審核提案的速度也要跟上	明明提了一堆案卻發現都毫無音訊，會抹煞大家的熱情與用心。所以審核提案與後續執行的速度也要跟上。擔心新供應商有問題？那就在合約條件上註明。擔心原料產地問題，那就鎖定機種進行（分眾，不同目標客戶）。
改善仍要持續追蹤，確保效益持續性	改善提案通過並付諸實行，我們也要有定期追蹤評量的機制，除了檢核執行效率外，同時也可能因為外部環境因素變動而需要調整方向。

避免供應商的專屬陷入成本

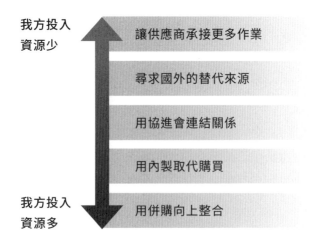

我方投入資源少

讓供應商承接更多作業

尋求國外的替代來源

用協進會連結關係

用內製取代購買

我方投入資源多

用併購向上整合

⒬ 如果我們是供應商，需要注意哪些事？

接下來讓我們快速切換視角，當我們想整治供應商的同時，終究我們也是他人的供應商之一。站在供應商的角度，我們又該注意哪些事情呢？

2022 年 12 月底，全球自行車龍頭廠巨大機械（9921）發信給協力廠商們，提及自行車市場疫後一夕崩解，造成庫存飆高、創下 1970 年代以來首見，要求供應鏈自 12 月起至明年 3 月，將貨款票期展延 45 天以共體時艱。巨大站在自己的角度做出有利的判斷選擇，那如果今天我們是供應商的角度，又該從中學習到什麼教訓，而提醒自己改變思維作法呢？

當市場各種疑慮、緊張甚至質疑聲浪四起時，巨大發言人說現金都夠，票期延長只是未雨綢繆，因為要跟供應鏈共享、共榮，這種場面話聽聽就好。現在後市看衰，所以有難同當；但前兩年各種營收創新高時，也沒看到有福同享，說要縮短票期 45 天。

今天如果你是供給者的角色，請記得「在商言商（Business is business.）」我們能做的事情就是努力打磨自己的不可取代性，有沒有談判能力比的不僅只是拳頭大（公司規模），有時骨頭硬（技術能力）也是關鍵。 就像工具機業如果想議價，你不會先找發那科開刀；傳產要議價，也不會對中鋼下手；電子業誰會對台積電大小聲。我也好奇這次巨大所發出的這封給協力夥伴的信，日本變速器大廠禧瑪諾（SHIMANO）有沒有收到？

今天共體時艱，明天你吃肉又喝湯，有能力的供應商自然也會

在心中的小本本記上一筆，會造成往後交易成本的提高。

那豐田（TOYOTA）是怎麼做的呢？據台灣國瑞汽車協力廠的總經理表示，國瑞汽車不會改變票期，甚至生產計畫需求一旦確定，就算市場突然變動，需求如果變高，那麼最多調整變動量就是 20%，大概就是加班 2 小時的負荷；那要是需求減少，最多也是調整 20% 的量。市場端的劇烈變動由中心廠主動吸收，才能夠對供應商有所吸引。**當然，遇到願意幫你擋子彈的中心廠，那供應商就得要配合豐田生產方式的改善活動，在成本、交期、品質上更加優化才行。但這才是比較健康的魚幫水、水幫魚關係。**

供應商之間的合作關係，究竟哪一種方式最理想，我沒有定論，因為這樣視決策者的外部環境跟內部條件而定。

我只會從結果論來看，如果能夠有效幫助你克服品質、成本、交期問題，那就是好方法。

最後就提醒大家，用拜託的無法長久，而用「凹」的對方也會另有所求。把供應商關係的經營當作是一場無限賽局，長期而穩定的合作關係或許才是整體判斷下的最佳解。

4-4

比起人海戰術，根據需求安排人數才是最佳解

——○ 從台中手工洗車場看製造業面對淡旺季的應對劇本

在高雄扣件業的輔導活動中，方經理作為生產部主管報告他們家生產一批次的作業時間從原本總工時 50 小時低減到 38 小時。由於過去大家沒有接觸過精實管理的訓練，所以我需要花點時間來跟團隊溝通：「**總工時的改善不一定是整體最佳解。**」例如總工時 38 小時究竟是一個人使用產線 38 小時，抑或是 5 個人使用產線近 8 小時呢？這對於生管排程、現場管理完全是不一樣的概念。

「需要的東西在需要的時候只提供需要的數量。」是精實管理很重要的概念，因為不要過早生產或生產過多，造成資源配置上更多的浪費。所以我們會用節拍時間（TT）作為生產時間與人數配置的依據。然而究竟什麼是節拍時間呢？我決定用生活案例來跟大家說明。

在我所居住的台中市有一間每逢農曆過年前就會上新聞的洗車場，因為他們彷彿千手觀音般的分工方式，非常吸引消費者的目光與話題性。其中他們標榜的就是 15 分鐘就可以幫你洗車與清潔內裝，你一定會想說怎麼可能？因為他們就是用極佳的作業分配方式去克服時間上的限制。

車子開進洗車場後，有一位沖水沖濕、一位噴泡沫，接著四個人開始一起洗車並沖洗乾淨，輪框也是四個人一人一顆清潔溜溜。最巔峰的時候，七個人洗同一台車，分工明確且動作迅速，有人擦車頂、有人洗內裝，前擋風玻璃、車頭跟引擎蓋都有專人負責。整體流程大概洗車 5 分鐘、擦車 5 分鐘以及內裝 5 分鐘。這對企業來說有什麼啟發呢？

不預作，隨需求來安排人數

不預作，依照訂單實際需求數量來安排工期。產品訂單需求一出來後，先從出貨日起算，接著設定我們廠內預計安排的生產時間與人數，最後再往前推估物料的準備情況。簡單來說就像是洗車場一樣的概念，如果車主想要 1 小時就能夠拿到車子，那麼洗車場可能會安排四個人一起洗；又如果車主沒有這麼趕，那麼洗車場的作法可能就會變成一個人洗 4 小時來完成。

既然安排好工期與人數，那麼在實際組裝過程中，就可以視需求速度將人員的工作明確切割劃分，特別是以時間作為單位。舉例來說，如果一個人從頭組裝一台設備需要 180 分鐘的時間，今天公司安排 3 小時要做 6 台出來，也就是 30 分鐘就要一台。那麼我們就可以把人員依序排列，每個人依照組裝先後順序各負責 30 分鐘的作業。**透過這樣的分工方式，不僅讓人員效率穩定提高，而且製程中可能的品質問題、分工不均等才更容易被發現。**

同樣的概念在桃園加工肉品的包裝產線也能看到其運用，改善團隊事前有針對上回我所指摘包裝線的五人作業，已經重新分配

每位作業者的工作內容。但這樣就夠了嗎？以下幾個問題是我當時的回饋內容，主要聚焦在工作內容與人數安排上：

✏ 有四個人的安排嗎？或者有三個人的安排嗎？

上個月看到五人作業，但製造現場因為缺工、疫情等關係常會有人員上的異動變化，如果我們只有一套劇本，因應上就顯得欠缺。建議是要有不同的「劇本」讓管理者好處理。

✏ 每個人的工作內容分配合理嗎？

文字描述比不上時間來的精準，建議用山積表來清楚揭露每個人的作業分攤情況。甚至包含循環作業與附帶作業也要分開來看，務求真實呈現現場作業情況。

✏ 作業總量是否有改善空間呢？

例如要完成一盒產品的工作總量是 180 秒，那麼五個人做就希望每個人分到 36 秒，然後一小時能有 100 盒的產出；四個人做每個人分 45 秒，一小時 80 盒；三個人作業每個人 60 秒，每小時 60 盒產出。

但如果我們能從動作的刪除、合併、重組、簡化，讓每盒的工作總量縮減到 150 秒呢？那麼五個人做，每個人 30 秒，一小時 120 盒；四個人做，每個人 37.5 秒，一小時 96 盒；三個人作業，每個人 50 秒，每小時 72 盒。

為什麼用人海戰術切換產線不行？

我們來出個情境題給各位討論想像：如果今天可調動的作業員有十位，有 A.B.C 三條線的產品需要生產，你會怎麼做呢？

實務上我很常見到的作法是以這十位作業員為一組，依照出貨緊迫性分別生產不同產線的產品，例如 A 產線用十個人做 5 個小時，大家再一起來到 B 產線做 3 個小時，最後到 C 產線加班趕 2 小時。

可是這樣的做法看似用人海戰術在極短時間內完成，但如果我們以「人均產出」來評價效率，可能會看到截然不同的成果。為什麼會有這樣的問題？因為不是每個人都能夠在頻繁切換過程中，熟知他自己的工作範圍跟前後搭配方式，甚至是平準化。可能會出現十個人的前後工序連接中會「前快後慢，庫存堆積；前慢後快，等待時間」的問題。再者也不是每條產線從輸送帶速度、產品特性、人員位置等都是以十人為最佳條件。

因此在推動精實管理時有個很重要的概念叫「少人化」，其精髓就是「依照需求數量來配置合理人數」，例如每小時要 1000 個，我們配置十個人；每小時要 700 個，我們能不能用七個人；每小時要 500 個，我們放五個人。這概念說來簡單，但做起來不容易啊！你就想看看我們是棒球隊，遇到實力相當對手時，場上守位站 9 個人，遇到青棒隊時可以只站 7 個人，遇到少棒時說 5 個人就可以。

少人化這件事情更不是短時間內能夠完成的，因為球會找洞

穿，生產人員也會受到設備結構、作業內容等限制。這需要每條產線都仔細規劃不同需求量時的人員配置，要兼顧可行性與效率，還有人員工作內容與設備條件變更。所以我說能夠做到「少人化」要看的是平時積累的改善實力。

總結來說，定員產線（固定生產人數）用同一組人在不同產線間移動生產會有三大缺點：

- **時間浪費**：收尾結線、移動轉換、前置準備，這些時間都無法避免。
- **動力重啟**：熟練度拉高時，又要轉換到陌生環境造成的短暫低效率。
- **品質疑慮**：切換頻度高，容易造成人員作業疏失的品質不良。

◎ 客戶淡旺季訂單差異大要如何因應

每次在企業輔導談到節拍時間的想法後，往往大家第一時間會浮現的念頭是「如果客戶訂單需求量差異很大」或是「公司淡旺季差異很大」時該怎麼做呢？雖然到最後往往會發現大家所提到的差異很大，其實都是自己嚇自己居多，或是拿一個出現頻率極低的特殊情況來挑戰，但既然願意提問，做顧問就是要消除大家疑慮。

首先我就說如果是讓大家依照原本速度作，在淡季時可能下午兩三點就把今天的工作量做完，這時候就算你說可以把人派到其

他單位支援，我要是其他單位主管一定覺得超麻煩，因為還需要去想說支援人力可以派到哪？有什麼工作可以給他們做？然後一來一往之間，時間很有可能就浪費掉了。所以實際情況可能會是大家慢慢做，本來需求量的差異會透過「人工調節調撥」撐到下班。

所以建議做法是公司先整理過往數據以確認淡旺季的需求量，依此制定產品的節拍時間（TT），這樣我們就能夠依照需求速度去編制適當的人數。而淡季時能夠提供給其他單位支援的就是一個完整八小時班次的人力，而不是切割分散的每日剩餘工時，這對其他單位來說也比較好安排。

另外有公司同仁問到「那這樣會不會讓現場同仁適應淡季速度後，一旦到了旺季反而速度提不上來？」不會的，因為我們是依照需求節奏來安排工作，**所以對於每項工作的標準工時是沒有改變，我們改變的是人員的守備範圍而不是手腳速度。**

節拍時間要靠現場多能工訓練

「我好不容易管了產線，當了主管，還得要針對不同訂單需求數量去訂定節拍時間，還得要設計不同的人員配置、工作分配，那豈不成了跪著要飯的？」是啊！如果不是為了賺錢，我也不想要出門在外拋頭露面、積極向上，可以每天軟爛在冷氣房裡吃著火鍋唱著歌有多好？

但市場環境競爭越來越激烈，企業不用說追求成長、獲利，可能光是生存就是一大考驗。節拍時間的設定是讓第一線能夠以最

有利合適的方式去面對市場需求的差異，然而工作設計、人員配置真要計算反而沒有這麼困難。最重要的前提是我們的同仁是否具備「多能工」的能力呢？

公司若能極大化每位作業同仁的能力，包含不同工序機台、產品的作業方式、品質確認，甚至是換模換線的作業都能勝任，當然再好也不過。**只是在實務界之所以「多能工」窒礙難行，我覺得很重要的關鍵在於「公司的薪酬制度、升遷留任，跟多能工無關」**。商人將本求利那是天經地義，每個人又何嘗不是呢？很多公司主管都會抱怨說為什麼現場同仁都抗拒多能工，當我更深入確認公司想做的多能工以及現行獎酬升遷制度後，就知道最大問題在於制度。

不要小看制度設計影響行為的威力，像是超商通路的集點活動、百貨業者的滿萬送千等，在在顯示人類行為會在利弊取捨間盡可能做出利益最大化的判斷。如果公司想要享受節拍時間、少人化生產的好處，相對應在多能工訓練的薪酬制度設計也不能忽視。

另外訂單起伏落差大、產品淡旺季明顯等，也是影響節拍時間的根本因素。如果可以不用設計這麼多套劇本、這麼多種的節拍時間，甚至不用進行多能工訓練，當然再好也不過。追根究底，公司經營管理團隊也需要留意業務行為、客戶訴求、產品設計等以減少需求端的大幅波動變化。

- **業務行為與客戶訴求**：能不能讓客戶養成規律習慣，而不是忽高忽低？業務應該深入瞭解客戶在意的事情是什麼，

設法平準化其需求。

- **產品設計**：例如桂冠食品以湯圓、火鍋料為主，冬天就是他們的主場，自然也深受淡旺季差異其害，因此 2022 年推出桂冠冰菓室，搶攻夏季冰品市場就是種減少淡旺季差異的方式。

> **與其怪罪市場環境的不公平，**
> **倒不如埋首強化自己的靈活性。**

我認為這是豐田式管理誕生時很重要的概念，主要也是來自於二戰後日本百廢待舉時，豐田汽車所做出來的對應方式。哪怕進入 21 世紀，企業面臨的挑戰有增無減，就看我們願不願意蹲馬步、下苦功從第一線的需求速度、節拍時間開始努力做起呢？一起加油吧！

4-5

改善換線作業增加可生產時間，就是提升獲利

○── 新竹貢丸工廠的換線作業改善策略

誰說新竹是美食沙漠，明明就還有麥當勞跟貢丸。作為美食獵人顧問，當貢丸業者有輔導需求時，我馬上義不容辭、捨我其誰。經過半年的努力，下料成型設備的生產時間從每天可生產時間六小時，提升到八小時以上。也就是說產能提升 30% 以上，你可能會問「差一兩個小時真的有差嗎？」從中小企業老闆的角度，你應該要看：

優點	說明
減少加班工時的浪費	改善前工廠端需要依靠加班來進行每日的清機結線作業，而生產時間變多就等同於減少加班費用支出。
訂單成長時避免資本支出	企業規模小的時候，要擴產增線對老闆來說茲事體大，甚至還要評估是否是長期訂單。因為怕設備買了，要是訂單也丟了就枉然。因此如果能夠透過改善讓製造端的可利用產能增加，就等同於減少資本支出的機會。
客戶訂單成長的產值	以這家公司為例，每天多兩小時，就算只多一小時訂單量而已，預計也有年營收增加千萬台幣的可行性。

公司規模小，犯錯成本就低。改善活動除了提升團隊能力外，更重要的就是增強企業風險耐受度。所以你問我公司規模小適合做改善嗎？應該問的是你願意盡早準備以承擔風險嗎？特別是現在消費者對於產品多元性的追求，讓產品種類越來越多，生產過程中的換線時間佔比就會越來越高。所以換線作業改善要注意哪些事情呢？

ⓠ 計量單位要一致：前後比較用

要優化換線作業或進行精實管理的改善活動，我發現很多企業之所以會卡關，往往是「計量單位」無法一致。例如化學藥劑的前製程在攪拌槽是以噸、公斤為單位，但是後段包裝製程則以一瓶、一箱為單位。巧克力、鍛造輪圈、鑄造零件也是，如果無法將計量單位一致，那改善光是在前後製程的溝通或資料分析上就會有斷點。

例如前端攪拌槽一槽 300 公斤生產後就要切換品項，然而對於後段成型包裝段，究竟 300 公斤可以切換成幾包、幾箱的需求量，這就變成換線時間改善時產能差異的計算基準，我們藉此方能瞭解換線時間究竟要降低多少才是合理值。

在生產製造過程的計量單位調整成一致後，接下來就是把人員的標準作業設定好。千萬不要小看標準作業的重要性，以畜牧屠宰業的清機結線時間為例，我們先來看看桃園這家企業針對清機結線作業的改善成果吧！

改善前：13 人，總投入 960 分，L/T 為 2 小時

改善後：8 人，總投入 360 分，L/T 為 1.5 小時

總投入工時大幅下降，這麼驚人的效益怎麼來的呢？

- 減少範圍重複的浪費——訂定明確的工作範圍與作業順序。
- 減少衣物更換——設定規則讓人員有明確標準。
- 減少各種不合理——設定標準工時以評估效率與異常等待。

但這些效果其實還不能稱作「改善」，因為作業的本質並沒有改變，效益來自於過往標準作業不明、人員秩序不彰。沒有要抹滅改善團隊的努力，但還是要講清楚。所以接下來我們就有了可以努力的方向，像是工作方法（徒手或工具）、工作順序、工具調整、多人作業分配、工作性質檢討（支援與否）等都可以重新檢討，只要在品質、安全兩大前提下。有改，才會有善。

⊕ 換線作業第一性原則：動作的根本

生產區域的地板每天都需要清洗費時，所以我就來問看看大家是怎麼洗的，現場課長的回覆是：「為了徹底清潔，我們就全部用噴泡沫，刷洗後再用清水沖乾淨，最後再擦乾。」然而有時候旁觀者清，我第一時間的反應就是：「你水用越多，不就後面要拖更久才會乾？」、「再往前講，你如果有噴泡沫，不就一定要用水沖？」、「我們真的有需要每個地方都要噴泡沫嗎？」

我後來建議大家可以依照場地的髒污程度來區分，例如髒污程

度嚴重者視為 A 級，B 級次之，最乾淨的為 C 級。把場地情況區分後，相對應的做法就可以區隔開來，**因為到頭來最重要的事情還是在安全衛生條件符合政府標準的前提下，讓每天生產區域的清機作業時間可以縮短。**

- A 級：清洗方式為泡沫靜置後加人工刷洗。
- B 級：清洗方式為泡沫靜置後加清水沖洗。
- C 級：清洗方式為清水沖洗。

甚至像環安提案要將平均單件用水量降低，那除了整廠內部管線的抓漏外，接下來的改善重點將會是水的「用途」上。

- 沖洗清潔用——是否可用工具清除，例如先掃除落下物？
- 沖刷移動用——是否可用工具移動，例如用耙子移至出口？
- 浸泡降溫用——材質、氣體吹拂等，例如水冷改成氣冷？

過往改善我們把重點放在「少用」與「避免濫用」，現在如果要更進一步就要想的是「為何一定要用？」

再來一個例子，化學產品公司透過設備改善，讓搬運工具也能有秤重功能存在，因此可以減少搬運距離、秤重準備的作業，具體來說可讓一批次的倒料作業從 132 分鐘降低至 54 分鐘。然而對我來說，真正引起我注意的事情是過往 132 分鐘的倒料時間如果有 20 種原料需要依序倒入，那現在降為 54 分鐘也是一樣嗎？團隊的回答：「是，沒錯，需要依序倒入。」

這時柯南背後畫面全黑，一道白色亮光閃現，修但幾勒！54

分鐘內要倒 20 種原料，每次倒料的間隔不到 3 分鐘，那我們是不是可以研究討論「不同原料合併投料」的可能性呢？理由很簡單，短時間內你跟我說要讓原料充分發揮作用，我是覺得有機會檢討。不過還是在安全與品質的前提下進行製程變更的試驗，但這些疑問與嘗試可能都是改善的原動力。

⊚ 換線作業耐煩不嫌煩：講究細節

✔ 從產品特性切入

工業用潤滑油的改善團隊在談論生產品項切換時，如果用三噸的桶槽來生產需求批量兩噸的產品時，會因為產品組成裡有粉料的關係，造成桶壁殘留問題。這樣一來反而需要另外安排清洗桶壁的作業來避免殘留。

會議中我就問大家說：「那怎麼辦？」改善團隊的回答是：「我們會在安排生產時刻意在需求兩噸的產品生產後，安排需求三噸的產品接續生產。」因為三噸的液位提高就可以把粉狀物料給帶走。（有確認過粉狀材料不影響產品品質）

我笑了笑就問大家說：「誒要確定捏，真的每次都可以安排地這麼剛好嗎？」千萬不要把單一問題跟其他管理狀況綁在一起，這不是 PS5 的同捆包。於是跟大家一起討論，除了生產排程外還有什麼其他的因應方式呢？

• 清洗方式從潑灑改成高壓沖洗，減少清洗時間（工具優化以減少時間）

- 是否可用隔板遮蔽？（不要用到就不會殘留）
- 粉料一定要單獨倒嗎？有沒有機會跟其他液狀先混合？
  （避免粉料飛濺）
- 倒料順序可否調整？在最低液位時先倒粉料，再倒液體？
  （避免粉料過高）
- 粉料能否分開小量小量倒？（避免粉料飛濺）
- 攪拌槽轉速調慢？（避免粉料飛濺）
- 獨立管線直通槽底，如同倒啤酒一樣「杯壁下流」？（避
  免粉料飛濺）

你會發現，**獨立解決問題絕對才是改善的硬道理，千萬不要用排程做同捆包，最終會作繭自縛影響生產靈活性！**

✎ 從行為模式切入

汽車零組件廠的加工廠，因為近年來少量多樣的生產需求，換刀時間讓大家覺得嚴重影響可稼動時間。針對現場改善的切入，我建議不要直接以單點來看，請以人員行為模式來切入。例如以人員換刀時間為例：

- 人員得知有異音時，啟動更換刀具
  - 什麼叫異音，是否因人而異存在自己判斷的偏差？
- 停機進行檢查，檢查項目如切削角、工件狀況、排屑情況等
  - 檢查項目是否充分？好壞判斷是否明確？
- 通知組長，並告知停機原因
  - 人工告知還是系統自動傳遞？

- 拆卸刀具
  - 一定要拆嗎？會不會誤拆？拆刀具時間是否有標準？
- 刀具研磨、更新或拿備用替代
  - 怎麼磨？什麼叫磨好？研磨或備用刀具的位置在哪？要花多少時間？
- 更新刀具
- 設定刀長
- 試車
  - 如何兼顧效率品質而一次 ok ？

直接看單點，那就表示我們已經心有定見，你已經先射箭才畫靶。從人員的行為模式來檢討，才不容易有重複或遺漏之處。

◎ 增加資源不是罪惡：從本質看

✎ 用人力換時間

在雲林的滴雞精加工廠，我們看到批量生產設備是以設備作為價值創造的重點，因此我們需要特別留意設備各類時間的佔比。例如現在是單人作業，事前準備作業的搬運加倒料若要花 60 分鐘，設備生產作動 30 分鐘，然後事後收尾的成品充填 45 分鐘。總共花費 135 分鐘，這樣一天若工時 390 分鐘僅能生產 3 批次。而每批生產作業的 135 分鐘裡，設備作動時間僅有 30 分鐘，約為 22.2%。

那如果事前準備跟事後收尾工作同時有兩人合力作業呢？我們先推估至少能省下一半的時間，例如事前準備時 A 員找料搬運、B 員倒料入槽；事後收尾時 A 員拿空桶與收成品、B 員負責充填。那麼事前準備降為 30 分鐘，設備作動維持 30 分鐘，事後收尾能變成 23 分鐘。總共花費 83 分鐘，這樣一天若工時為 390 分鐘，則能生產近 5 批次。且 83 分鐘裡面設備作動時間仍維持 30 分鐘，佔比則提升到 36%

許多推動精實管理的企業，往往會有一種誤解偏見，認為凡是需要增加人力的改善作法都是一種罪惡。**其實不要過於潔癖，企業就是要在商言商，從最終目的去反推真正需求改變的是什麼？例如設備生產所帶來的附加價值遠大於人力成本，那麼增加人力資源就是條可行的路。**

✐ 用預備模換時間

在桃園的烘焙工廠，D 產品減少停機時間的改善，改善小組直接鎖定每日因為卡料造成的停機損失。我們要先確認的是「是否有經過整體判斷？」例如停線損失除了卡料外，可能輸送帶的小停機、品質異常的停機佔比如何？會不會我們沒有針對造成更大損失的原因進行改善，反而是捨近求遠先改傷害比較小的？再者，如果真的是卡料問題，那第一步要針對發生源進行改善。

不過目前卡料造成模具阻塞，現場的做法是拆模具、洗模具再裝回去，整體費時 30 分鐘。平均一天兩回就造成一小時的停機損失，對於產能或人員成本都是極大的損失。**因此有個臨時對策就是「預備模具」，透過預備模具的使用，一旦遇到卡料問題，**

就立刻將阻塞模具拆下後，裝上預備模具即可重新開動。如此一來停線損失時間會從單回 30 分鐘降至 6 分鐘（僅含拆裝時間）。

然而原本 30 分鐘的工時不會莫名消失，我們只是透過內外段取的概念，讓部分工作在設備運作時再來執行而已。也就是細拆、清洗跟預組可以在未停線時於線外執行。如果不容易理解的話，像我阿公的活動式假牙有兩組，每當他要換假牙的時候，老人家就不一定要等到睡前再換，把預備假牙拿來戴，就不需要等假牙清潔錠的消毒清潔時間，這就是一種用預備模爭取時間的具體操作。

開機、換線、清機結線時間為什麼這麼重要？因為對工廠來說，這些都是每一天會遇到的事情，千萬不要小看一分鐘、五分鐘、十分鐘的積少成多。特別是未來景氣詭譎，經營者更應該謹慎以對。

> 買設備容易，但會失去檢討作業內容的機會。改設備之前先改人，請企業經營者好好重視這句話。

改善主題	階段區分	重點方向	具體手法
換線作業改善	改善前	計量單位要一致	前後製程換算比較
		第一性原則動作的根本	目的是什麼？為何一定要？
	實際改善	換線作業耐煩不嫌煩講究細節	從產品特性切入
			從行為模式切入
		增加資源不是罪惡從本質來看	用人力換時間
			用預備模換時間

第五章

機

協助人類的夥伴

5-1

產線自動化前你應該完成的精實管理步驟

—○ 台灣最大機器人工廠的自動化實作建議 ○—

這幾年越發覺得自動化議題是台灣中小企業不可避免的待辦事項，剛好因為工作關係有機會跟台灣最大機器人製造廠的最高階主管 W 君聊聊。我們談論的內容聚焦在「精實管理」與「自動化」的推動互補性與順序上。

先講結論——**沒有先經過「精實管理」改善的自動化就像是要搬家到新住所，卻帶著一堆無用的家具雜物，還有不好的居家衛生習慣**。這會讓新家在一段時間後就會活成舊家的樣子。而只推動精實管理卻沒有「自動化」的作法，就好像你把稻草屋設計規劃建造得非常宜居，但是外在極端氣候環境（少子化、產業競爭等）卻一點一滴侵蝕著稻草屋。而自動化就如同紅色的磚頭，雖然建築成本高，但你知道它抵擋效果會好很多。

W 君邏輯清晰、態度客氣誠懇，他也分享現在有太多廠商跟他們合作時，總把自動化當作是個「核彈級」應用，只要導入就能夠把過往所有困難、障礙、疑惑全部一掃而空。但其實品質異況、產能不匹配、動作浪費等問題是當事人最瞭解的痛點，自動化在規劃設計時雖然能夠提供部分改善建議，但如果公司能夠先有流程改善、精實管理的概念在，對於自動化進程就能夠快上數倍。

　　這幾年伴隨著台灣缺工的議題，許多企業也有汰換舊設備的打算，在這邊想要告誡中小企業主不要每次都哀怨該該叫「我們就不像人家大公司可以直接買下去」其實大企業同樣在意資本支出的投資報酬率（Return On Investment），只是大企業重點放在未來價值大於當下成本。不過對中小企業來說，**要做到全自動化的關燈工廠是夢想，但可以馬上應用的人機協作、半自動化反而可以一試。**

只推行精實管理
未考量自動化

稻草屋
雖然規劃非常宜居，但
無法抵禦外在極端氣候

實現自動化
卻未推行精實管理

不整理的新家
新房子建築成本雖高，
但生活習慣不變依舊髒亂

自動化前，先整併自家產線

　　如果現在有 16 條組裝線，但平均稼動率不滿 80%，我會先做整併工作，例如以稼動率 120% 為目標，將產線縮編成 10 條線。這樣來做自動化投資才能夠聚焦資源，減少資本支出的壓力。既然要整併產線，那就要把產品分類、治具共用性檢討、人員多能

工盤點。待這些前置作業都一一搞定後，我們才會正式進入工法檢討階段。

要整併多條產線，因此有兩件事情要注意：

- 自動化設備的半成品區設置。
- 自動化設備的換線時間。

@ 自動化前，確定要人機分離

豐田生產方式有兩大支柱，**其中之一就是「自働化」。帶有亻字邊的働其意義就是希望設備能夠如同人類一般能夠自行分辨什麼是正常異常**（好啦！我知道有些人連分辨能力都沒有），再來是遇到異常時可以自動停機。之所以希望設備能夠做到這樣的境界，為的就是「人機分離」。人員無需擔心設備操作過程好了沒有？有沒有品質疑慮？要適度微調等？這樣人員的工作才能夠從設備旁解放出來，作業有標準能依循，我們才能夠進一步調整作業配置，達到效率提升的目的。

否則我常遇到許多企業每次做改善時都會擔心，像是桶槽注水時萬一超過需求水量，又或者攪拌作業可能起泡溢流等，這都應該是設備改善時優先要做好的事，也就是能夠分辨異常並自動停止，否則還需要另外多編制人力在設備旁等待異常處理。

@ 自動化前，要確定作業目的

在雲林某雞隻屠宰廠的改善活動中，作業人員需要將電宰後的全雞從台車裡取出，並吊掛在鏈條輸送帶上，同時需要用人力把雞翅往下壓（拉翅作業）。一開始我們想要透過自動化來減少人員，或是退而求其次減少其作業負擔而能夠提高產線速度。

把全雞從台車裡取出並吊掛在輸送帶上，這件事太難，牽涉到視覺辨識系統、感應器、多關節機械手臂的組合。所以大家就把目光放在「拉翅作業」覺得似乎比較簡單，可能僅需要在雞隻吊掛後裝設感應器，確認通過時就可以用氣壓缸推出兩隻橫桿並下壓，就可以模擬原本人員的拉翅動作。

但討論到興高采烈、氣氛正嗨時，我突然問了句：「啊 ... 為什麼需要拉翅？」究竟目的是什麼，不停追問下這才發現，原來吊掛的產品之所以需要用人把翅膀往下拉，其目的只是為了當進行雞隻上半身分切時避免被電刀切到翅膀。畢竟雞翅膀是屬於相對高單價的產品，如果一開始就被切壞的話，就沒辦法拿出來賣。（星爺：紅燒翅膀我喜歡吃）

改善目的清楚後，現在只需要在電刀設備前設置擋塊，讓產品本體先通過，翅膀被卡住壓制在後，就可以取代原本的人員作業！**這很棒，作業的目的先釐清，才不會有加工的浪費。**試想如果改善團隊不清楚當初為什麼要拉翅，結果設計出一個機械手臂模仿人員拉翅動作，豈不投入大量資源成本，只是為了避免被電刀切到而已嗎？殺雞焉用牛刀。

◎ 自動化前，先讓流程優化

缺工的問題始終困擾著第一線現場，大家在思考要怎麼導入自動化，協助人力降低。下述的例子正巧能夠說明為什麼不論公司要推動自動化或是數位化，都應該試著先檢視流程優化。**因為局部的自動化只會帶來局部的好處，生產過程中的浪費、半成品庫存仍無法獲得改善。**

讓我們以雞隻分切產線為例，A 員做完後給 B 員：

- A 員：從箱內取物料、調整方向、切尾椎、把本體放入箱中。
- B 員：從箱內取物料、調整方向、去腳、把本體放回箱中。

✎ 方向調整很花時間，而且不穩定

不要忽略人員調整產品方向的時間，特別是現行的工作方式，A 員明明調整好產品位置才下刀，結果做完後又丟回箱中。然後 B 員待會又要再從箱內取出，又要再重新調整一次方向後才下刀。

✎ 追求動作複合化

如果方向位置可以固定，那麼切尾椎跟去腳是否可以同時？追求動作複合化，一刀兩斷或三斷都是我們樂見的。

◎ 自動化前，讓作業簡單好做

如果你公司的自動化是為了墊高競爭門檻，而且公司有充分資源可以從事研究，那就另當別論。但對大多數的公司來說，自動化的導入當然會希望立竿見影在工時、人員低減上看到效果。複

雜困難的動作，在自動化設備上就需要多軸、視覺辨識等配合，但我們改善時要先往簡單好做的動作來改。

以人工動作為主的產線，特別在意人員手部的無效動作，例如抬舉物品、放下物品、橫移物品、堆疊物品、換手等。所以怎麼減少高度差、距離，並實行一個流生產就很重要。目標就如同職業棒球選手的揮棒，簡潔、精煉而有力。例如磅秤一定要高於桌面，讓人員把產品拿起來秤完再放下來嗎？如果磅秤的量測面跟桌面同高呢？

把產品放上輸送帶時，目前要將產品調整至固定方向後再放入，然而一定要人員調整方向嗎？能否利用壓條、導軌等，讓人員就算隨意放都能夠自動導向正確位置。諸如此類的改善，哪怕是一秒的效益都應該被重視。因為同一條線有八個人，一小時要處理上千盒，**重複性高的動作就更要錙銖必較！**

針對人工動作為主的產線，作業優化是日常改善的重點，但同時也建議公司應該要設置像是「自動化推進本部」的專案組織，透過與外部廠商的聯繫評估、內部作業的檢討改進，共同面對少子化與科技業磁吸效應下的大環境缺工問題。

例如肉品包裝線作業員的動作拆解如下：

① 放底墊放入盒

② 放料入盒

③ 秤重

④ 放回作業台面進行擺盤

⑤ 將成品放入輸送帶

我們就可以分開來一一探究可能性：

①的部分我們可以找包材廠商共同開發，底墊直接結合

②③依照現有技術，有許多廠商有定量自動落料的機構

④過於複雜暫不考慮

⑤可以透過改善完成

像這樣的檢討，才能夠進一步做出產線的改革，來面對少子化造成勞動力衰退這隻灰犀牛。**另外我也建議針對中小企業少量多樣、需求不穩的特性，不要想做整條產線的全自動化，而是針對多條產線的共用製程先著手。**例如過去在汽車零組作業的升降機三點鎖付、後視鏡的鎖付都一樣，因為鎖付作業只需要更換治具位置即可，而且螺絲透過震動盤供給的技術也很成熟。

@ 自動化前，跟客戶檢討設計

以前企業主口中「人才」是稀缺財，要記住現在的作業現場「人力」就已經是稀缺財，因此如果用人來做簡單且重複度高的工作，就會列入自動化改善的重點。以烘焙業的產線作業，針對現有作業的自動化有兩種作法可供參考：

✔ 作法不變，自動化取代

這樣的做法可能在機械設計上需要花比較多功夫去想，例如在連續供料情況下要每間隔 30 公分就要鑽孔。

✔ 改變產品設計，做簡易自動化

例如跟客戶端討論產品外觀、風味，在客戶端同意之下，從間隔 30 公分鑽孔變成連續供料成全鑽孔。

釜底抽薪之計則是要好好回想，當初為什麼要做鑽孔這個動作？其實是原料膨發過程造成產品變太大而放不進容器裡。所以要多一道工序用人工鑽孔，減少後製程的膨發程度。那如果可以在原料配方比例上做調整，因為鑽孔本來就不是必要作業，那更無需去思考什麼自動化。

◎ 新設備產線購置的注意事項

當自動化設備購買前，都已經做好整併產線、人機分離，也確認好作業目的、優化流程並推動改善使整體作業都簡單好做，就可以好好來買東西了。剩下最後一哩路，我們就來談新設備如果要進來的時候，要注意什麼呢？

✔ 設備的功能需求、目的、未來考量

我們買這台設備是要用來裁切、包裝還是什麼用途？目的是要取代人力或是減輕作業疲勞度，還是要提高產能速度、增進品質檢驗效率？或是將委外加工製程收回內製？而未來考量則是指公司要規劃至少未來 3 ～ 5 年的成長幅度與客戶需求。

✔ 設備日常作業考量

例如現有的開機點檢、日常保養、換模換線的方式、頻率、工具、位置、耗時等，都應該在新設備購入前與廠商一同檢討，務

必從「使用者」角度來思考，為什麼需要做這件事？

✎ 設備異常問題表列

既然是設備的汰換更新，那麼過往我們所頭痛的設備問題點都應該透過負面表列的方式將其完整列出。例如故障項目是好發在電氣零件、機械零件？故障的排除方式是自行更換備品耗材還是廠商到場維修調整？這些問題都應該在設備汰換時好好思考，畢竟尾款付清前都還有轉圜餘地（笑）特別是以停線時間、損失金額作為評估重點。

當台灣新生兒數量已經降至每年十萬名左右時，你應該清楚瞭解人力資源缺乏已經不是成立少子化辦公室或引進印度勞工就可以解決的。既然自動化是條企業必經之路，我們就先透過精實管理使其更好走，接下來就是兄弟登山、各自努力啦！

5-2

設備產能損失，也能用精實管理流程來改善

○─ 桃園電子產品廠的組裝設備產線改善策略

桃園消費電子產品廠在面對客戶訂單暢旺之際，希望透過組裝線的改善活動，提升產能以減少加班時間。因為產線最主要的包裝設備是產品必經之路，所以我第一時間就先詢問該設備目前的產能。

課長：「我們 C 產品目前一小時的產量是 1200 盒。」

我：「當初設備出廠時的每小時最大產能是多少呢？」

課長：「廠商是說一小時可以跑到 1800 盒。」

顧問這時候就可以很不識相、白目地問說：「那中間的 600 盒跑去哪呢？」我們可以把產能損失的項目拆解成：

- 正常生產工時的降速，因為安全、品質或人員暫離等。
- 預料中的非生產工時，如開機點檢、換模換線、換刀作業、清機結線等。
- 意料外的非生產工時，像設備故障、品質異常等。

這些計畫跟實戰產能的差異，就是我們可以優先改善的空隙。管理者要做的是「預防」、「優化」跟「複製」：

項目	說明
預防	針對未知可能的情況，提出因應對策
優化	針對現有問題或作法，提出改進方案
複製	針對成功案例或結果，提出橫展行動

如果你跟我說「我們能做的就是這樣」或是「目前沒有什麼問題」，顧問的角色好像也只能愛莫能助而已。所以想想怎麼預防、如何優化還有設法複製吧！接下來我們就來討論產能損失的三種項目，以及它的改善作法。

⊕ 正常生產工時的降速：安全、品質或人員暫離

通常設備廠商在推銷時都會告知該機台的極限產能，但為什麼實際使用時會降載處理呢？通常都是因為一開始發生了品質相關的客訴問題，生產課長就指示「應該是機台速度太快，降一點速度會比較穩定。」；再過一段時間作業人員反應說裝箱來不及，課長再說「降點速度比較好做！」**你會發現設備的條件設定就在人為因素一點一滴的侵蝕下，離最初的巔峰極限越來越遠。**因此在改善開始時，我們應該做的就是先了解設備的速度最大值是多少，接下來才依照需求速度進行機台條件的變更與人員工作的重分配。

除了設備條件的下修以外，另外還有在生產時的人員暫離。像是輸送帶形式的包裝線最需要在意的人員就是產線開頭第一位，因為他負責物料的供給，如果他離開產線三分鐘，就代表整條產

線這三分鐘都不會有產值。顧問一眼注意到的地方就是公司習以為常的作業活動，這些需要離開產線的工作，例如拿料、換包材或協助支援作業等。

許多人總會說「設備都有一直在作動啊？」可是產能就是拉不上來，但其實到了現場就會發現人員在作業沒有錯，反而是讓設備等待著。A 員投料、B 員裝袋放桌上、C 員再從桌上取袋放入設備中封口。B 員明明將空袋抽出打開，裝袋完畢後又再放回桌上。C 員還要再來從桌上拿起再一袋袋放入設備中。

如果 A 員投料，B 員裝袋後就直接放入設備中進行封口作業。這樣就能夠減少中間一次取拿動作、一個半成品的停滯，兩人作業的人均產能會比三人作業來的更好。而且設備也會減少中間的停滯，因此能增加設備產能。

意料中的非生產工時：點檢、換線、換刀、清機等

產線設備總是會有生產以外的時間，例如早上開機時要點檢、品項切換要換模換刀或生產結束後的清機結線，甚至設備零組件老化、損耗的更換都屬於這種意料中的非生產工時。

當然換線、換刀、清機時間等在平常公司內部管理都會關注改善，如果沒有的話也可以參考拙作。簡單來說，**先區分哪些工作一定非得要設備停止時才能做，又有哪些是可以事前準備或事後收尾。**為了減少設備停止造成的損失，我們會專注在：

1 把可以事前準備或事後收尾的工作，從停機時間抽離出來。

2 對於設備停止時所做的工作，不論是動作、道具改善，甚至加人都可以考慮。

3 要把人員憑藉經驗、直覺的調整作業，透過標準化使其減少人員不一致。

然而設備零件老化、壞掉就更換，這件事談不上管理，就跟肚子餓了要吃飯、口渴要喝水一樣，這叫「理所當然」，因為我們可以很清楚知道不作為的後果。

但管理者要做的事情是「預防」、「優化」與「複製」。如果以抽水馬達老化破裂這件事來舉例，管理者應該要注意這些事才行：

1 老化破裂造成多久的停機損失？

2 老化破裂的馬達更換花了多少時間？

3 有親自到現場確認並討論破裂的原因？真的是老化嗎？

4 有沒有記錄更換到下次損壞的週期？是否有規律性？

5 更換時間有沒有更快的可能？例如備品準備、人員訓練等？

6 是否可透過平時保養動作的落實，延長老化損壞的時間？

7 日常點檢的部位是否完善？頻率是否合適？誰要看？看哪裡？看什麼？怎麼看？為什麼要看？

如果是磨耗，那麼會是種可預期的現象，這時我們要看的是 MTBF（Mean time between failures，平均故障間隔），藉此進行預防性更換以避免停機損失。

◎ 意料外的非生產工時：設備故障、品質異常

管理上最讓人膽戰心驚的就是突發狀況—設備突然故障、產品偶發或突發異常等。通常大家都會笑稱八字輕或是要拼人品，但還是有可以努力的地方。首先，先去買一包綠色的乖乖 ...（誤不是）

如果是設備正常磨耗、老化造成的故障，我們還有跡可循，但就是怕萬一；品質問題也是，如果是人機料法所造成的品質異況，同樣可以透過改善設法根除，但往往代誌不像憨人想的那樣。

如果意外不是我們能夠預測的，那接下來我們能夠強化的是遇到意外時的「應變能力」。 就像是機械廠的設備維護課想要降低 MTTR（Mean time to recovery，平均復原時間），大家認為因為部分物料庫存設定有誤，一旦故障又缺料就會浪費更多時間。但我反而認為其中兩個項目有改善必要：

- **問診**：維護課人員前往現場確認設備問題的正確率。
- **抓藥**：確認問題後回庫房拿取工具或備品進行更換的速度。

問診部分就像維護課是否建立制式查核表讓病人（現場單位）可以先自主檢查，或是能否視訊問診。就像中華電信的客服也會在你網路壞掉時，會先請你自己看路由器是否有亮紅燈或是電源重啟，不會一開始就直接派工程師到你家去一樣。至少先把簡單的問題排除，若是疑難雜症才有出勤的必要性。

接下來抓藥部分，與其人先到現場看完後又回去拿藥，是不是能設定常備零件或問診後的預計需求，再去現場。如果我們到現

場發現原來是某個繼電器要更換，然後維護課的工程師說「課長不好意思，現在廠內沒有備品，我去振宇五金看一下，沒有的話我再去寶雅問看看。」如果你是現場課長肯定會急得像是熱鍋上的螞蟻。因此，針對常損耗的物料先在廠內建安全庫存，同時也針對維修人員的零件更換速度加以訓練。就像是聯強國際作為業界先驅，在 1999 年就推出「大哥大 30 分鐘快速完修」，背後肯定是維修體系的素質強化後，才有辦法喊出來的口號。

舉例來說，打高爾夫球時因為我還在三輪車，每次小白球落在長草區而距離又尷尬時，與其我從球車下來拿 9 鐵過去又衝回來拿 P 桿過去，老經驗的桿弟通常就會看一下距離跟評估我孱弱球技後，一次拿出 9 鐵、P 桿跟 S 桿，老神在在跟我說：「你都帶去，旁邊有個小沙坑，不知道有沒有進去。」這樣就能夠減少往返時間。當然前提就是判斷與經驗累積。

設備太快也是種可改善的空隙

如果你居住在蛋黃區，每日上下班通勤路線塞車嚴重，你會選擇開著超跑低速運轉，既耗油又損引擎，頂多只是吸引妹仔目光（可能更多是阿宅）嗎？或者相較於千萬級超跑，一台小馬力、省油、舒適性高的代步車可能更適合你的需求，甚至油電混合、EV 車款也都是優質選項之一。

淺顯的生活例子大家都能體會，可是工廠設備端大家都想要買最新最快的，生產時也一定要衝最快，美其名叫做加速設備折舊攤提或產能利用率高，可是設備速度一快，反而人員搭配的反應

時間變少、輸送過程中的碰撞力道也大，造成品質問題的可能性也變高。雖然有些公司會用品檢人員來監控，這無疑也是種人員使用上的浪費。

「需要的東西在需要的時候只提供需要的量」，你訂單需求如果只有每小時 500 件，那頂多買到速度每小時 800 件的設備即可，使用每小時產出 2000 件的設備反而得不償失。那如果買了怎麼辦？或是淡旺季需求差異很大怎麼辦？你可以試著在不影響品質的前提下，嘗試「降速生產」。我們會有很大的機率發現速度放慢，反而可以減少很多手忙腳亂，這樣就可以讓管理者好好檢視、覺察人員動作上的浪費與附帶作業的可行性，讓作業內容可以再精進。

這時候許多企業老闆可能會說「降速不就浪費設備的能力嗎？」首先呼應前面所提，買設備時就要衡量自身市場需求情況，**再來是設備攤提就已經是固定成本，人員投入情況跟庫存多寡反而是變動的，特別是在台灣缺工且市場變化又激烈的情況下，減少變動成本的浪費就顯得更為重要了。**

對公司來說，資本財的投入都是重大投資，設備就是其中之一。我們如何妥善地利用設備所承諾的產能，不是鄉愿或迷信地認為「能動就好」，因為一點一滴累積改善效益，我們才能笑到最後。

企業資訊系統優化一定要從人員使用場景看起

○ 物流宅配的資訊化作業流程如何防止人為疏失 ○

在台中潭雅神地區的廠商輔導會議上，因為公司同時間正在導入資訊系統，因此廠長想瞭解：「老師，究竟是要先針對現有流程優化後再導入資訊系統？還是先導入系統再優化？」其實像這種二分法的問題沒有標準答案，因為小朋友才做選擇。對我來說，需要參考的是兩件事情。一是公司團隊的思考習慣，因為有些企業團隊是「用了才會去想怎麼改」，但這樣就必須要考量第二件事情，也就是系統更動的費用高低。不過這是我個人跟許多企業所經歷的想法，提供給大家參考。

從新冠肺炎疫情開始，許多企業不管是主動或被動都開始接受以遠端、數位工具為主的工作模式與流程。就連我也多次使用Teams、Zoom、Google Meet、Skype、Webex 進行輔導會議或授課，越來越多的台灣中小企業也開始投入數位化的建置，所以就會先從資訊系統開始做起。當然每一家公司的切入角度不盡相同，作為一名精實管理顧問，所輔導的現場也跟資訊系統息息相關。因此，我就從資訊系統推動的前中後三階段來分別提醒重要事項，供各位企業經營管理者參考。

系統建置與資訊收集的目的

數據收集與系統建置的目的是什麼呢？這絕對是上至經營團隊、下至現場同仁都要想清楚或理解的事情。我常在企業輔導過程中以引導的方式讓公司改善團隊說出心中想法，例如以畜牧屠宰廠來說—透過生產數量與重量的正確性，來確保飼養端的品質以及公司內外部可能造成的損失規避，同時定義好量化目標—產品支數及產成率。

當方向明確，接著往下一步確認，我們需要的資訊（多以數據為主）目前是怎麼採集的呢？同樣以畜牧屠宰廠為例，如果每日屠宰支數很重要，我們在整體進貨到出貨的流程中確認了幾次？重量要緊的話，又量測幾次呢？

例如重量在供應商端量測過一次，進場時又再量測一次，最後變成成品時包裝磅重。那麼像產成率這樣的量化目標，究竟分母是誰、分子又是誰呢？這時候你很有可能會發現，不一定公司內每個人的定義都是相同的。唯有將團隊中混亂的定義給校正清楚，下一步我們才能正確地收集資料，並且談論產成率跟支數落差會有多少？可能在哪一段流程發生？可以改善嗎？

系統設計要從使用者角度出發

✎ 不怪人為疏失：物品位置與顏色管理

同一套磅秤負責兩種不同規格的生產，刻意拉大規格差異，讓產品是肉眼可判斷的差異，藉此方便裝箱，這確實是個好方法。

但是現場反映這樣的作法無法避免人員點選螢幕規格出錯、標籤貼錯箱。對於製造現場，**我始終認為把錯誤歸咎在人為疏失是管理者的藉口，怎麼打造「不容易出錯的硬體及作業方式」才是我們的責任。**

以上述案例來說，我會先規定不同重量的收容箱放置位置。例如 1.0 公斤的成品放作業員左側，1.7 公斤的成品放在作業員右側，不讓人員自行決定放置方式。接著觸碰螢幕上 1.0 公斤按鍵與 1.7 公斤按鍵會設計左右並列的介面。當人員點選觸碰螢幕後，相對應的收容箱前設置燈號閃示連動，藉此提示作業者放置正確位置。

產品位置固定》對應螢幕按鍵位置》連動燈號提醒

想辦法用硬體防呆避錯，不論擺放位置、UI 使用者介面、燈號提醒等都是為了這件事。這才是管理者可以著手介入的實際作法，而不是抱怨作業人員粗心而已。

後端作業人員的疊棧作業也是，如果現在是依靠人員辨識收容箱上的規格數字，再放到相對應的棧板上，相同規格可能會隨著每天排程在不同產線包裝，但是包裝線位置卻不會改變！所以如果我們設定 1 號產線的代表色是紅色、2 號產線代表色是藍色，不同產線對應不同標籤紙的底色，後端作業人員就可以看著顏色放置到相對應的棧板位置，最大程度地避免人員判斷錯誤發生。

✎ 不怪人為疏失：作業循環、標示方式與資訊批量

要討論品質問題，特別是以人員為主的作業模式，那麼請不要單點來看，我們應該從作業者的行為模式開始分析起。例如流通業「宅配裝箱出貨 0 失誤」的主題，我們就從人員動作、使用工具系統、區域、放置位置等一一檢視。有幾個值得注意的重點可以跟大家分享：

提醒	說明
不應仰賴人員的記憶判斷完成與否，要建立目視標準	例如餐飲業上菜後服務人員會執行劃記，而內場廚師每一張單完成後將紙張穿刺集中收集。有顯著的完成與否差異，不論是誰都可以清楚判斷。
工作告一段落是常識，中途離開是大忌	例如組裝線員工的教育應該是以完成一個作業循環為優先，因為事情如果做一半被主管召喚、處理異況等，回過頭來時可能已是五分鐘、十分鐘過去，很有可能會漏工序、缺件等品質問題。宅配理貨也應該以一口氣完成一張單為優先。
管理者要避免一次過多資訊提供	因為過多資訊就等同於過多的代辦清單，這會使人員作業上容易混淆、搞亂。例如同時有兩張單在手上，就有可能把 A 收件者的寄件資訊貼在 B 收件者的宅配箱上。
不要覺得系統不能動，更改系統設定反而成本最低	例如現行掃完 QR code 後列印貼紙，上面會有日期跟編號，例如 10/30 的 # 25 以及 10/31 的 # 25 就容易造成人員看到 #25 就一時不察沒有注意到日期就揀錯，是否我們能把編碼改成 5 碼，10/31 的 25 號就變成 31025，然後把前兩碼 31 的字體加粗，提醒人員且容易辨識。又或者編碼現在是每日結算，是否可改為每週結算，這樣重複機率就會大幅降低。

品質改善永遠不能也不應該仰賴人員的主動、積極、負責任，而是管理上如何建立系統機制來避免錯誤發生。

時間的管理尺度要一致

某汽車零組件廠內部管理的產銷平台目前處在封測階段，希望在這段期間內能夠彙整問題點進行修正，下個月可以進行公測。不過我特別注意到當中有項作法是第一線操作人員若逾期未回覆，系統就會執行每日提醒，然後每週一會統整各項訂單的延遲情況匯報給該單位主管。

我推了推眼鏡「這種時間管理尺度不同，會影響大家做事的方式」例如前段時間就聽某醫藥廠商聊天時談到，他們的客戶很愛集中在月初下單，甚至有些藥可能上個月底就已經用完，還是忍到月初才下單，各位覺得是為什麼？

因為如果在月初下單，那支付條件會是到「下個月 10 號」才需要付款，公司的金流有比較多的轉圜空間。

同樣的概念，如果執行端是在星期一逾期，他的主管會是下週一（隔七天）才會被通知這件事。那如果是星期五逾期，主管同樣是下週一（隔三天）就會知道，你知道那種「時間差」就容易讓人有種可以小小拖延的小確幸嗎？而且我們還要「統整」上週訂單延遲情況「匯報」，這不就走回頭路嗎？就是要能夠有一事就處理一事啊！**我會建議在資訊系統內把時間尺度都調整一致，例如逾期時每天提醒當事者，而「三天後」就會通知主管，這才會有相同的效果！**

生產效率的管理尺度會影響反應處理速度

時間尺度	呈現方式	可能問題
天	8 張 /10 張 =80% 完成率	1. 挑好做的先做 2. 未完成的理由原因難追溯 3. 未完成的是沒做，還是做一半？
工單	預計 3 小時 實際 4 小時	1. 是哪一個小時的問題？怎麼不早說？ 2. 生產端若標準工時不明確，會有配速問題。例如 3 小時要做 300 件，究竟是：100、100、100 還 是 80、75、145 還是 150、75、75 呢
小時	目標值 360 個 實際值 310 個	1. 還是會有一小時的時差 2. 需要管理者主動確認或做業者主動回報才知道問題所在
產品	即時呈現 86%	1. 需要設定效率上下限 2. 超出上限的事後標準檢討 3. 低於下限的回應作法

使用介面與內容的檢核

作為資訊系統的使用者，我們應該要檢討資訊看板如何讓現場好讀、好看、好懂，但很多時候設計者往往求好心切，一股腦地想要把各種資訊都揭露，但第一眼看上去卻讓人覺得資訊量過於龐大而超出理解負荷範圍。

因此我提出兩個重點讓大家檢討：

✎ 使用者主體是誰？

究竟這個資訊看板是給誰看的，如果一張資訊看板同時又要給使用者、班組長、課長，甚至連協理、總經理都要看的懂，我只能說 .... 辦不到。

資訊看板不管是數位或是手寫的，設置時就應該思考究竟是誰要看，以他的位階需求提供相對應的資訊。才不會出現那種現場管理看板顯示「當前不良率為 54ppm」現場主管還要自己換算今天生產多少數量、有幾件不良品的尷尬局面。

✎ 資訊是否充分？是否必要？

師爺你給我翻譯翻譯，什麼叫驚喜？喔～錯棚了！我是說什麼叫充分？充分就是該有的都有。那什麼叫必要？就是不該有的都沒有。例如加工產線需要知道現在正在生產哪個產品？計畫是幾人作業？當下做到第幾顆？進度是剛好、超前還是落後的？下一個產品是什麼？預計幾點要開始生產？今天非稼動時間有多少？

相反地，加工產線當下可能不需要知道進料檢查的良率、後工序組裝線的稼動率以及今日太陽能發電量。

B/A 分析指的是 Before 與 After 的差異分析、模擬確認、問題查核，特別是在公司要推行新系統、新工具或新流程時很建議跑一遍。

① 列出改善前的行政流程或生產製程。

② 列出預計改善後的行政流程與生產製程。

③ 找出差異點及預期效益。

④ 以往的問題點是否能夠有效解決？

⑤ 是否衍生新的問題？

①的部分要包含各站別使用多少人力、耗費多少時間、工具方法為何，還有如何從上一站接收及如何傳遞給下一站。另外也要紀錄前後工站間產品或情報的停滯時間。②的呈現方式與①相同。

③則是確認清楚究竟前後差異在哪，**也就是上面所說的「為什麼？」及「為了什麼？」**

④統整過往流程或製程的問題點，在此進行討論，以往的問題是否仍會在新系統裡出現呢？又能夠解決多少？而⑤則是討論新作法是否會衍生新問題？

像中部某工具機大廠的預訂單服務流程改善，從過往 13 個節點改善到現在 9 個節點，前置時間 L/T 從 1385 分降為 210 分，但我還是有幾個期待大家可以持續精進的地方：

* 現存 9 個節點的存在價值？

- 審批、確認、填寫、領取、移動等作業，是否有重複或無效作業？

- 各節點的作業時間是多少？節點間的停滯時間有多久？

《淮南子‧說林》曾提到「削足而適履、殺頭而便冠。」就是把腳削小以適合鞋子的尺寸，把頭砍小以便戴上帽子一樣。這是說為了適應鞋子和帽子的尺寸，不惜傷肌斷骨，這是完全不顧客觀的實際狀況，而一味勉強遷就的不合理作法。

現在許多企業在資訊系統與現場實務流程的搭接上，我也看到許多削足適履的情況，如果公司會議曾出現「可是 ERP 登打時 …」、「但系統這樣不行耶」那就請大家一起來重新看這篇，再一起加油吧！

5-4

你對設備越有愛，它就越不易背叛你

——○ 台灣工具機業的設備維護改善建議

在工具機業的輔導會議上，大家七嘴八舌討論著客戶在保固期間內的客訴事件，團隊特別整理光是這個客戶近三年內的更換成本就高達新台幣 500 萬元以上。然而每次到場協助客戶更換新零件後，把舊零件帶回分析時，總會好奇究竟他們平常是怎麼使用設備的呢？

- 刀桿刀片毀損。
- 螺桿上與螺帽端面都有大量加工後的鋁屑殘留。
- 螺桿上的潤滑油脂乳化，導致運轉時潤滑不足。
- 泵浦內部卡著大量污泥，造成馬達過載。
- 加工時會有液體噴濺到滑軌組上，並且積在滑軌處，造成軌道的安裝面生鏽。
- 液體流入滑塊內側造成生鏽。滾珠滾動時造成表面剝離，進而卡死擠壓端蓋變形。

售服單位很委婉地寫下「建議定期保養滑軌，將其上方髒污清潔，可延長滑軌的使用壽命。」然而這家公司雖有提供每台設備的自主保養計畫，但你知、我知連獨眼龍也知道，設備故障維修的事實不會騙人。

在《天才的人間力，鈴木一朗》一書裡曾提到橫跨美日職的傳奇棒球明星 鈴木一朗選手，對於球棒的尊敬與感恩有多重視。例如他會將其裝在金屬防潮箱裡，放入乾燥劑，做好防潮與防震作業。甚至在客場征戰行李需要托運時，還會將球棒包膜。而在比賽時，球棒會有專門的球棒架，每個打席退場時還會仔細擦拭塵土與雜草。

所謂的生產活動是作業者使用設備來製造產品，換言之設備真的就是一種「生財工具」。一流的料理人會在意料理環境的檯面、砧板清潔，甚至刀具的研磨保養也都不假他人之手。只是我必須很直白地說在台灣卻很少看到大家認真對待自己的工作職場，所以才希望能夠寫下這篇讓更多人看到並重視設備的保養清潔、點檢維護。

⊕ 設備的價值與故障的類型

我們對於設備的要求不外乎以下這四件事：

1 性能穩定、壽命長。

2 操作方便、修理易。

3 確保品質、零不良。

4 價格合理、費用低。

然而月有陰晴圓缺，人有旦夕禍福，設備跟人類的生命週期曲線也是極為相似，都是呈現浴缸曲線（Bathtub Curve），也就是失效率會隨著生命週期變化，**初期失效率高，然後經過一段長而**

穩定的時期後，後期會因為老化而失效率再度拉高（Acer 老施表示：那也可以是微笑曲線啊）

新設備啟用時，總是會有一些大小毛病，需要不斷地調校、修正才能夠穩定產出；接下來只要材料狀況、人員使用不要出問題，只會有零星偶發式故障發生；最後就是設備因為老化磨損等造成的故障。

人類又何嘗不是如此呢？新生命誕生到學齡前是極為脆弱的狀態，需要大量的生活呵護與醫療保障才能維繫成長，接下來人類迎來相對穩定的階段，除非意外事故或特殊疾病，大多都能持續成長。最後步入老年時，身體器官老化帶來各種身體病痛。

身體健康到底有多重要呢？父母結婚前都會做婚前健診，避免遺傳性疾病將來可能對嬰兒造成影響。而在計畫生孕階段也都會細心呵護媽媽與胎兒健康，出生後就是做好健康管理，生病了就是趕快看醫生恢復健康。

那麼對於在工廠內創造價值的設備，我們又做了什麼呢？接下來就來談談四種跟設備故障相關的改善活動，提供給大家參考。

◎ 保全預防活動：設備樣式規格檢討

想像一下，就像買車一樣，當你踏入 show room 坐在沙發上選定心中期待已久的車款，接下來跟業務員討論選配內容。你的心中一定有所期待，這台車要有安全性、信賴度、操控性、好保養還要CP值高，其實當公司在計畫購買設備時又何嘗不是如此呢？

設備要不容易壞、好點檢、易維修、操作容易、成本低。然而台灣"大多數"企業的問題就是僅把需求告知採購，然後採購單位再丟給設備廠商去煩惱。這種成本外部化的問題比餐廳佔用騎樓洗菜、擺桌還要可怕，因為餐廳了不起被罰款而已，但設備一旦買進來就是要用好幾年的事。

例如設備的氣壓計跟油壓表過於分散，增加點檢時間，電流供應不足造成焊接品質不良，加工機故障頻率高的部位拆解不易。諸如此類的問題，你要祈禱設備廠商都能夠設身處地幫你規劃思考清楚，是不是很天真？

所以在保全預防階段就是公司內部先行集思廣益，防患問題於未然。製造單位提出過往類似設備機構的辛酸苦楚，品管單位提出設備的品質保證、避錯設計，設備維修單位則針對故障預防、維修容易與否提出想法。所以設備樣式材質檢討、品質重點展開、維修設計都透過直間接單位的共同意見而完整。

ⓠ 預防保全活動：設備點檢標準建立

當你買了新車準備在今年農曆春節時衣錦還鄉，這時候看到高速公路局的廣告提醒用路人出門前應檢查「五油」（動力方向盤油、引擎機油、變速箱油、煞車油、汽油。）、「四燈」（頭燈、方向燈、煞車燈、儀表板燈）、「三水」（引擎冷卻水、電瓶水、雨刷水）。這時才發現原來自己車子的機油需要更換、煞車燈不會亮以及雨刷水不足，幸好有檢查，否則一旦上路塞在車陣裡就麻煩了。

同樣我們也希望公司購入的新設備能夠進行定期診斷，瞭解其健康狀態。同時也針對零件鬆緊程度做確認、給油、清掃也不能少。接下來更應該要建立設備點檢的部位、項目、基準、方法與頻率，使其標準化。就像前面所講的五油、四燈、三水一樣，能夠在需要時有診斷的基準，甚至能做成設備的點檢地圖。

這邊我也想要提醒大家不要輕忽讓點檢作業執行端要能夠簡單容易，還記得文章一開始提到的鈴木一郎選手嗎？他也是透過乾燥劑的顏色變化快速判斷球棒濕度異常與否。所以像是螺栓鎖緊與否有沒有比對點？設備給油口能不能集中在同一側？水跟空氣流動與否是否能有葉片顯示？這些都是我們可以用心著墨的細節。

ⓠ 事後保全活動：設備故障快速修復

當車子開了三五年，已經不能稱作新車，某天好友阿威坐上你的車，才剛上國道三號霧峰交流道，阿威就一臉疑惑地問道：

阿威：「誒～你有沒有聽到窣窣窣的聲音？」

車主：「你說sususu喔？那是韓國女團aespa的新歌《Supernova》，su-su-su-supernova」

阿威：「幹你白癡喔！我是說你引擎室皮帶好像有問題啦！」

哪有吃燒餅不掉芝麻、買設備不會壞的，**但在事後保全階段我們要能夠鍛鍊對故障診斷認定、原因追究分析與快速修復的能力。** 對於異常聲音、溫度、排屑、漏水、火花等，大家應該要有警覺性與診斷能力。不是只有設備整個壞掉不能動才叫故障，你打個籃球扭到腳一拐一拐的，自己都知道出事了，總不想遇到白目教練跟你說「你就還可以走，快給我上場頂中鋒位置」。

事後保全若想做到早期發現、早期治療，有三個關鍵要因提供給各位做參考：

1 設法活用診斷測量工具，提升診斷能力，不要只仰賴人類的感官。

2 準備好維修、替換用零件，以備不時之需。MTBF（平均故障間隔）的應用。

3 針對修理方式進行改善，講求速度越快越好。MTTR（平均修復時間）的應用。

◎ 改良保全活動：設備問題修正改良

好朋友隆隆曾經看著汽車廣告「你終究要買歐洲車的」而心生嚮往，後來跟我說其實是「你終究要修歐洲車的」，以前連引擎蓋都

不會開，現在後車廂固定放兩罐機油，自己都變成維修技師了。

其實做了這麼多的改善活動，就是希望設備故障能夠做到「再發防止」，不僅希望延長設備壽命，更希望把這些意見回饋在保全預防、預防保全兩階段，反映給新設備或類似設備做參考。

透過這四個階段的持續改善及循環，我們希望設備壽命可提高、故障率降低、點檢作業快速、維修方便、安全性跟品質水準也都是頂尖程度。這樣才不枉費公司投入資金將設備導入廠內的用心。

最後我想用這個小故事來做個結尾。有記者問一對老夫婦：「維持 65 年婚姻的秘訣是什麼？」老婆婆看了一眼老公後說：「我們出生的那個年代教育我們，東西壞了要修補，而不是把它丟掉。」其實設備對企業來說也是一樣的道理：

> ## 珍惜設備不僅只是守舊捨不得，
> ## 這當中更有著人對待物品的用心。

現場管理，就是在細節處著手並且放大每一次價值的可能性。持續不斷地優化改善，就像今天所談設備維護四個階段，其實也跟管理循環（Plan.Do.Check.Action）極為相似呢！希望大家都能夠更加重視自己廠內的生財工具，就日本人的觀念裡每個物品都有其靈魂，所以用心對待越有愛，它就不易背叛你。！

項次	管理指標	內容
1	設備故障件數 / 月	當月份設備故障件數
2	設備平均故障間隔 MTBF	對象設備每回故障間的平均時間間隔
3	設備平均修復時間 MTTR	對象設備每回故障的平均修復時間
4	設備不稼動時間 / 月	該單位當月份設備非稼動工時
5	設備故障導致停線時間	因對象設備故障導致產線停止時間
6	再發防止件數 / 月	當月份設備故障再發防止做好標準化的件數
7	設備改善件數 / 月	當月份設備改善件數
8	小停機次數 / 月	當月份設備小停機件數
9	長時間故障件數 / 月	該單位當月份 2 小時以上的故障件數
10	設備要因的品質不良件數 / 月	該單位當月份因設備因素造成品質不良件數
11	維修零件庫存金額	該單位維修用零件的庫存金額

註：小停機指設備停止時間在五分鐘內，且非設備人員介入之暫停

第六章

調適

人工智慧的集結

物料精度及整列流動，是自動化的基本條件

◦ 台灣扣件、食品、紡織業精實推動自動化產線 ◦

前陣子我在寫賀年卡，打開從大阪買的一組 3 張「年賀狀」。同樣是透明袋裝的設計，但為什麼把外袋黏貼處撕開，把裡面的卡片抽出時會這麼絲滑呢？

仔細一看才發現，台灣的透明袋（OPP 自黏袋）通常都是把黏貼用膠放在上蓋處，這會讓使用者在取出內容物時容易黏到塗膠面。而日本的年賀狀包裝袋，則選擇把黏貼用膠放在袋子本體處，如此就能夠最大程度地減少對使用者的影響。

日本設計之所以讓人驚艷，**是他們往往能夠在你覺得「這已經很棒，沒什麼好改」時，再重新檢視用戶的使用體驗**，不僅滿足消費者的基本需求，還能創造讓消費者充滿好感的體驗，也就是所謂的「顧客愉悅」（Customer delight）。就像我經常覺得，飯店一次性牙刷的盒子，很難拆開，誇張點甚至要用力掰才會打開。但日本的飯店可以設計到僅用手指輕輕按壓，紙盒就會掀開的友好設計。

行筆至此，你已經快受不了這個旅日顧問的粉紅色濾鏡，日本的月亮真的有這麼圓嗎？我鋪陳了這麼多，想表達的意思是當這一兩年有越來越多企業詢問建構自動化生產該如何下手時，往往

只看到各種多關節機器人的應用可能。但就像日本設計講究的是人與產品間的適切性，如果要做好自動化產線的設計，設備的運作方式與產品本身特色上還有很多我們可以著墨之處。以下就提出三個改善方向與實際案例供讀者們參考。

◎ 自動化重要條件①：物料整列移動

扣件業在生產螺絲、螺帽時，一顆顆產品會在單一工序生產後落入大型鐵箱中。然後透過堆高機將鐵箱搬運到下一站。化工業在生產袋裝洗衣精時，經過充填封口作業後，產品陸續從輸送帶上掉到轉盤裡，再由人員揀出進行裝箱作業。

如果我們站在產品的角度來思考整趟生產旅程，就會感受到上述兩種情境都會讓產品一下子正放，接下來又傾倒掉落，後面又再被拿起來。這種垂直、水平方向的大幅變動，其實也就是自動化產線規劃時最害怕的樣貌。

物的流動追求穩定順暢，特別是作業點（方向、高度、位置）一致，後續才有自動化的機會。當然你工序混亂、東西亂噴也能做自動化，但是可能需要配備視覺辨識系統跟多關節機械手臂才能做好，財大氣粗我也不好擋人財路。

但是如果作業點單一穩定，產品本身不會亂跑，自動化就比較好做，相對成本也會比較低。例如在現場看到設備加工後，產品會透過輸送帶連結至下一道工序，可是兩個輸送帶間的高度差反而會讓產品落下後無法維持正反面，甚至產品的鬆緊程度也會受影響，導致後面工序需配置專責人力負責檢驗產品與重工作業。

◎ 自動化重要條件②：產線整列佈置

在食品業的現場，一大疊待處理海苔透過分片設備區分成一張張海苔，在輸送帶上快速移轉並準備進行後續裁切、收集、人工裝袋包裝等作業。然而這些極富營養價值又美味的烤海苔卻面臨到人工裝袋前會因為多張海苔的歪斜問題，導致需要裝袋人員檢查與修復，造成生產效率變差的問題。我們要思考的原點是如果產品不用轉向，就不會有在輸送帶移動過程中的衝擊碰撞。否則每一次的撞擊就是增加風險發生的機率。

因此自動化產線不論在輸送帶或設備排列設計上，會影響產品定位準確度的有：

✏ 高度差（掉下來會晃）

紡織業染整後的布料要收到大型台車裡，結果因為下料的高度與台車有著近三公尺的高度差，即便自動化設備能夠前後擺動落料，卻還是免不了會有布料重疊、歪斜的情況產生。這也導致下一工序需要多一位人員重新用手確認布料的平整程度與整理布料，這其實是因為設備規劃造成人員動作上的浪費。

✏ 速度差（突然變快或變慢會晃）

從跑步機上突然跳到靜止地面，人員會不受控地跌倒。在許多自動化設備上我們會看到透過多條輸送帶進行產品的運送、工序的連結，過程中必須要特別注意輸送帶速度的平衡。輸送帶由快轉慢可能會造成前後產品的碰撞，進而影響產品品質或原來規劃的位置；反過來要是輸送帶由慢轉快則會拉動產品快速往前進，這同樣也會影響原先預料產品應有的速度與位置。

✔ 寬窄差（刻意收攏減少變動）

許多食品業的成品包裝線，前端輸送帶總會開成多線道，不知道為什麼要假裝兼容並蓄、海納百川，但是最後要進入設備時又縮減車道變成單行道，變成一個心胸狹隘的存在。這樣的結果就會造成現場需要設置一名「過橋」人員，其工作就是把前段製程過來的產品拿起來調整位置、方向、間距後放到下一段設備入口處。可是這件事一定要用透過人力嗎？或許我們只需要專注調整輸送帶上的導柱位置，引導產品轉向並用軌道寬窄限縮活動範圍即可。

✔ 方向切換（例如產線多次切換橫、縱）

例如在金屬容器產品在焊接跟塑膠殼組裝的「方向性」也是需要注意的重點。焊接是由上往下放入治具，但完成後卻是側放於籃內，再由塑膠殼組裝人員下部朝上進行組裝。這些人員手部調整工件的工作都是可以注意的動作浪費。

為什麼會說「改設備之前先改人」？因為當人類的動作都能夠以簡單輕鬆來執行時，後續自動化設備的設置自然就能降低複雜性。

◎ 自動化重要條件③：生產定位精度

前面兩個改善方向主要都是針對產品的排列、移動過程進行優化，接下來所談的定位精度則是當產品正在被「創造價值」的時候，要如何確保其位置的正確性，以避免產品品質出問題。

✔ 不在移動中作業

首先「能固定作業，就不在移動中進行」。等等，你前面才不

是剛提到說可以用導柱、軌道等在移動中調整物品位置，怎麼現在又出爾反爾、打臉自己呢？不～我講的是製造動作不適合邊移動邊作業。例如有些擠壓成形或去除餘料等工序，立意良善想要利用移動過程中順便完成，但往往效益不彰。因為光是輸送帶的前進力道、產品前後推擠碰撞就可能造成歪斜，甚至產品與輸送帶材質間的摩擦力都可能會影響產品精度。

除非產品本身對規格精度的要求不高，那自然可以另當別論。

✏ 善用夾治具

如果能夠將產品暫時固定壓制，讓裁判拍地數秒倒數……（搞錯了，隔壁台才是摔角）回到這邊是讓產品固定，就能讓自動化設備精準無誤地完成改變產品性狀或性質，這是夾治具在生產現場的最大幫助。為了產品多樣性的需求，夾治具必須要考量夾持位置、定位點、動力來源穩定性（空壓、電動、氣動等）、快速拆換等，企業若想做好自動化，這絕對是不容忽視的重點！

✏ 減少大批量作業

最後要確認生產過程中的定位精度，試著減少大批量單位的作業方式很重要。例如清潔用品的充填裝瓶作業，塑膠空瓶一字排開六瓶各別由六個充填管落下進行充填，想一想這作業難度是否有點高？畢竟連歐陽修筆下的《賣油翁》一次也只能搞定一個葫蘆。要讓瓶身定位無誤，再讓充填管準確地從瓶口插入而不會砸瓶，其實是需要在換線作業時花費時間準備才能做好。

又或者射出成形或鑄造脫臘作業，往往會有一模多穴的模具設計，但如果在規劃自動化產線時就是一個製造混亂而需要收拾的

場面。**因為模具一次產出多個產品，不管是掉落入箱或盤，對後續作業就需要重新排列或抓取，另外對於產品品質也不易監控。** 因為若後續發現不良品，除非你模具上每一穴都有編號，不然難以追蹤修正。

如果真的無法避免批量作業，那至少整列供給最大的目的就是追求連續性生產，因此批量的個數也會是重要關鍵，能夠一個個供給當然是最好，相同個數次之，不然至少是整數倍關係。若前工站一盤 5 個，後工站一盤 9 個，那就表示作業員在更換容器時，數量需要另外確認，造成無謂工時的增加。

行筆至此，你會發現其實只要是產品在生產過程中的翻轉、收納、取出、停留、扶持等非生產動作都值得重新檢討。

「移動時單純、生產時穩固」
就是做好自動化產線的基本條件。

同時請記得一個原則：**自動化設備是要讓人變得更好作業，而不是為了設備還需要我們遷就**，切記不要本末倒置。而且中小企業若缺乏自動化產線自主開發能力者，更應該先從人工作業開始檢討起，才不會自動化廠商怎麼說，你只能被動接受、照單全收而已。

自動化重要條件	關注重點	理由
物料整列移動	避免分段走停	放回、拿取都會影響作業點
產線整列佈置	減少高低差	產品落下會影響定位
	減少速度差	變慢會碰撞，變快會移位
	減少寬窄差	避免人員手動調整
	減少方向切換	避免人員手動調整
生產定位精度	不在移動中作業	高精度產品的定位考量
	善用夾治具	位置固定讓生產穩定
	減少大批量作業	前置時間、定位精度、拿取方式的混亂

6-2

現地現物現認，從機台物料細節證據來解決問題

○─ 台灣自行車、食品廠根據現場證據做精實改善

　　很多人以為顧問的工作就是穿著西裝筆挺、風生水起，在辦公大樓的大會議室裡翹著二郎腿幫企業主管們出謀劃策。然而顧問的價值有部分來自於思維邏輯的清晰架構，但也有部分來自於過往解決問題的經歷教訓。

　　前陣子在食品業的客戶輔導會議時大家提出噴印機異常問題，就是在外包裝紙箱上會有日期打印不良的現象。製造課長準備了簡報資料來說明，首先我就跟大家強調「現地、現物、現認」的重要性，因為會議室裡的報告沒有照片、沒有實物（不良品），也不在機台旁，討論起來沒有證據就沒有根據。

　　例如這是偶發還是連續性的不良產出？發生的位置？異常的內容？這些都會影響原因的探究及對策的提出。所幸過往有過類似設備的處理經驗，馬上就能提出幾個關鍵要因對應不良內容的關聯性。個案公司的日期打印設備是採取噴印方式，管理項目主要在於噴印墨水量、Sensor 電眼跟噴嘴的時間差、噴印機與產品包裝的距離、產品在輸送帶上的擺放位置、噴嘴的清潔度、產品包裝的清潔度等。

- 日期字樣比日期框更大或更小？

要注意噴印機與產品包裝的距離。

- 日期字樣不在日期框內？

要注意 Sensor 電眼跟噴嘴的移動時間差。

- 日期字樣只有印到一半？

要注意噴嘴清潔度或是噴嘴跟蓋子的位置。

- 日期字樣模糊？

要注意墨水量或是包材清潔度。

　　跟大家講解完從產品上的跡證就可以推測出設備生產過程中的各種可能，我們馬上就一起到現場去確認實際情況。結果發現日期噴印機的外蓋確實在開口處有墨水殘留，這就是個重要的改善依據。

◎ 生產效率改善的現場觀察重點

　　生產效率問題不能只檢討人，其實設備動作、物料特性的影響程度也很大。如果產線規劃人員無法像范仲淹《岳陽樓記》所述「居廟堂之高則憂其民」，坐在辦公室電腦椅前所設計出來的產品、設備就只會讓人生氣而不接地氣。因此我會建議從以下這三個切入點來改善生產效率。就讓我用肉品加工廠的改善為例來說明：

✎ 產品動作的「價值性」

　　例如原料的清洗、瀝乾作業一定需要人員盛籃作業嗎？能不能

讓原料在移動過程中順便做好呢？例如原料揀好放入滑道，接著滑行過程中有沖洗跟瀝乾（上方水柱沖洗，再經由噴嘴吹乾、滑道有挖洞排水），就不需專人作業。

而使用後的籃具清洗作業耗時，切記不要把單純人員作業時間跟設備運作時間混為一談，你就想想洗衣機在運作的時候，人不會傻傻在旁邊等。當然你在丟髒衣服進去或是將乾淨衣服從洗衣機中取出，這些時間也不會用到設備，所以一定要分開來看。

另外待清洗的籃具部位也要分開來看，在使用過程中的殘留物、髒污程度會因為置放方式有所不同。例如籃子上方、中間跟底部的嚴重度不同，就可設定清洗方式、時間要求不同。或是利用籃具形狀的特性，圓形可轉動，如果能有毛刷不動，讓籃具轉動以節省人工刷洗的時間與疲勞度？總而言之，巧遲拙速，試了就知道可不可以？有沒有優化空間？

✎ 產品動作的「重複性」

像是原料裁切後是否可以直接入桶，而不是切完放入籃中，又要再從籃中取出入桶？重複的取拿作業往往來自於多人作業工作設計不當所造成，因為拆成每個人獨立來看似乎都是很正常的斷點，但實際上卻充斥著重複動作的浪費。

✎ 產線設備的「流向」

生產過程中我們應該要先以產品為主體去思考方向性、順暢度、高低差、停滯與否等問題。因為只要產品流向越順暢、越簡短，自然就會讓人員好作業。不要小看這些點點滴滴的小改善，因為在製造現場的重複頻率高，積少化痰（講錯）積少成多下來

也是非常可觀的存在。

讓我們來看看減少物品流動中斷的效益吧！在台中某自行車零組件廠曾經提出加工機台的治具改善，希望從治具的設計端著手，避免人員取拿物料裝入治具時可能上下顛倒裝錯或是 LR 邊裝錯的問題。**過去可能是管理者口述請同仁注意。現在希望讓人員可以「無腦」做好（在此 "無腦" 並非貶義，只是形容人員無需判斷時間）。**不過改善團隊問說目前治具改善只是預防，好像沒有太多實質效益，怎麼辦？讓我來解釋治具優化後對於效率面的影響。

如果沒有治具改善，過去拿取一組左右邊產品，可能會需要人員先拿取一支做目視確認與裝設，通常要花 5 秒時間。然後下一支就不用人員判斷，僅需 2 秒裝設，一組左右邊產品總共只需要 7 秒。現在透過治具改善就會有兩種可能，如果一開始就拿對正確的單邊，就可以直接裝到治具裡，所以第一支 2 秒，第二支也是 2 秒，一組左右邊共需 4 秒。但如果第一支就拿錯要換邊就需要 4 秒，第二支也是 2 秒，那一組左右邊共 6 秒。

改善前：5" +2" =7"

改善後：50%*（2" +2"）+50%*（4" +2"）=5"

因此改善前後就有 28% 效益出現，你會發現治具改善除了品質外也有效率提升的效果。

ⓠ 產品品質優化的現場觀察重點

對於職場工作，不論是否在製造現場或辦公室，將成果寄託在每個人的善良、主動、積極都是不切實際的。管理之所以存在，就是希望透過制度來作為樓地板，確保成果如期如質。人性光輝當然可以當作天花板去追尋，但我們總是要腳踏實地，不是嗎？以上這段話出現在輔導會議裡，我正在解釋為什麼針對新的改善作法，我會這麼在意每一項工作細節的操作，就是不想看到每次交給客戶的品質檢討報告都是千篇一律「我們下次會更注意」所以針對不良品的品質優化，我會建議可以從以下這三點開始看起：

✏ 不良現象的地點

要減少材料超耗的問題，從現場情況發現有三種類型，如成型不佳、自動捲邊因餡料而產生不良、裁切作業因停機而產生不良，**這時報告瞬間跳到因應作法，歸因太快沒有推導過程容易造成先射箭再畫靶的問題**。而且對於將來要將對策標準化反而不易落實。

舉例來說：因為發現設備磨耗使得成型不佳而讓材料超耗，對策就是把裡面的滾輪換掉。這就像一個跑者因為覺得跑鞋穿起來不順，就直接把鞋子換掉一樣可惜。因為舊跑鞋最珍貴的經歷資訊就在於磨損部位、磨損程度的顯示，透過這些我們甚至能設計新滾輪的點檢項目、頻率還有更換週期，甚至滾輪材質也可以檢討（如果這麼容易磨耗，換材質會不會好點？）

另外在清潔用品的瓶裝生產線，貼標機的皺摺、氣泡與高低不

齊問題是目前生產效率不佳的重要原因，我們一起到現場觀看生產狀況。改善團隊說可能是空瓶的厚薄不均等原因，但我注意到當氣壓缸作動時瓶身與輸送帶上的滾輪之間的距離過長，因為怕接觸不良，所以現場團隊把氣壓缸進氣值調大，為的是讓每一瓶都能確保壓到滾輪。然而氣壓缸推擠力道過大反而會造成瓶身變形，同時也容易讓瓶身歪斜不平衡而讓瓶底有高低差，這同樣也會造成瓶身貼標皺摺或高低不齊的問題。

於是我給大家的建議是依照瓶身大小調整輸送帶上導引片的位置，並且減少氣壓缸的力道，瓶身有貼到滾輪就好。**「距離不會產生美感，距離只會產生變化」這句話不只適用於感情經營，同時對生產現場也很貼切**。公司團隊讓我覺得很棒的是，他們馬上在現場就迅速調整產線並測試看看，初步效果還不錯，值得後續追蹤。

老闆說「顧問，我們之前都是聽設備廠商的建議從角度調整做起，還從來沒想過這種可能性。」聽到這樣的回饋，我想這就是顧問價值所在。同時也不免雞婆地叮囑大家「再現性」與「目視管理」的重要性，包含導引片位置、氣壓缸進氣量、滾輪位置等要如何每次生產都能夠維持一致，雖然枯燥不性感，但卻是公司獲利之所在。

✏ 不良現象的時間點

對於產能不足的蛋糕產線，最開始的觀察點是切割機速度太慢，當初因為該設備是泛用機種，結果針對現有產品的生產，刀具的原點位置反而太高。所以在設備老舊情況下僅針對氣壓條件

值進行調整，希望讓刀具的移動能夠更快，結果從原本每小時
102 盤進步到一小時 144 盤，就達成近 40% 的單位產能提升。

然而切割後需要人員從金屬托盤上取下，再放入金屬檢查設備
檢查，現場觀察後發現即便切割機產能加快，可是人員的取放動
作就會影響效率跟品質，因此接下來改善重點就變成「能否切割
後不用人工換盤？」經過前後兩員的工作調整後，改善前一小時
144 盤的產能提升成 176 盤。跟最早的一小時 102 盤相比，整整
提升 75%！！！

依照目前每日訂單狀況來說，一年可節省近 20 萬新台幣成本，
同時節省一名人力。改善效益可說是非常顯著。

✎ 不良現象的環境條件

過去在元本山海苔的產線，為了要解決海苔捲翹的問題，除了
從設備跟物料間的關係著手，改善團隊後來發現甚至生產車間內
的空調位置、氣流大小、乾燥爐內外部溫差等都會是影響因素。

烘焙業的剩餘發酵麵團在生產結束後需要專人處理，因為置之
不理這些麵團會變成史萊姆等級。在桃園某麵包廠為了提高處理
殘料的效率，過往是冰在冷藏庫，甚至要動用假日加班讓人員裁
切、分裝、烤爐加熱再丟棄。我建議公司改善團隊不要累積到一
定批量才要處理，因為烤爐加熱是個大批量的工序，但是如果我
們可以少量多餐每日處理，至少就不用加班對應。至於烤爐加
熱？現在生產過程中總會有些許空位可以搭便車，再不然用設備
餘溫也可以。

永遠不會忽視製造現場的重要性，為什麼豐田很重視「三現主義」—現地、現物、現認，在會議室裡有著萬千推敲、各種模擬，都比不上第一線的證據與回饋。最後總結提醒如下：

- 半成品、耗材、空箱等所需物品
  - （放置位置方向、數量等，還有誰要去拿）
- 模治具、材料等的精準定位
  - （透過定位標示、標準建立而非經驗直覺手感）
- 設備的良品條件建置
  - （溫度、濕度、速度等如何一次到位設定標準）
- 人員工作分配以時間先後順序區分
  - （如同 F1 賽車一進站就可以立即作業的水準）

不論是生產效率或是品質問題，我都會建議我的客戶改善團隊勤跑現場，現場永遠會給你答案，就看你願不願意用心去挖掘寶藏而已。

6-3

組合包產品不好做？西瓜偎大邊的連線生產策略

○ 知名清潔用品公司用精實管理改善組合包作業

不曉得各位有沒有察覺，這幾年的中元普渡供桌上有越來越多的「拜拜箱」、「普渡箱」出現？這類型產品的最大特點就是在一個銷售單位內擁有多品項產品的匯集，例如聯華食品的「七小喜多包」內含可樂果原味三包、卡迪那德州薯條茄汁口味兩包、寶咔咔原味兩包。另外像是乖乖、樂事乃至於無印良品都有類似拜拜箱形式。

組合包類型的產品，能夠最大程度地滿足消費者一次性購足的需求，大家小時候愛吃的喜餅禮盒就可見端倪。例如之前在輔導宏亞食品時，旗下的禮坊喜餅禮盒裡就有法式千層派、布朗尼、檸檬鑽石餅、農夫地瓜餅等超過十種產品的組合。然而這樣的做法卻在生產製造端有許多的考驗存在，例如組裝產線需要一次性安排十多名人力，而且在半成品放置區你會看到上百箱藍色四格籃堆疊在烏龜車上。

傳統組合包生產模式：分而治，再聚而殲

組合包產品最直覺也是最多人使用的做法就是，假設我們組合包裡需要甲、乙、丙、丁四種產品，那麼產線會生產甲，推

去半成品區存放；再生產乙，推去半成品區放置；再生產丙，推去半成品區放；最後生產丁，推去半成品區。然後再開一條組裝線，把放在半成品區的甲乙丙丁全部推過去，開始進行組合包產品的包裝作業。

這樣的作法會出現幾個造成效率不彰的問題：

1️⃣ 生產所需的 LT（前置作業時間）會拉很長
2️⃣ 現場需要各類型半成品的暫存空間
3️⃣ 因為有半成品暫存，容易有誤領用、無先進先出、放太久等品質問題
4️⃣ 需要許多搬運作業
5️⃣ 前後製程的人員配置與生產效率不佳
6️⃣ 生管排程需要分多次進行

組合包產品分開生產的最大問題其實是當我們以為一次做一個種類，效率來的比較好，然而如果銷售是以組合方式進行，那麼只做完甲，跟完全沒做是一樣的結果，東西也賣不出去。

舉例來說，我曾在潭雅神地區的壓力桶工廠診斷，我注意到的排程問題是我們現在是上筒所需數量全部做完後，大家再來一起改做下筒，待上下筒兩者都完成後再來進行圓焊結合。

但針對兩種半成品組合的作法，我們可以先做好上筒，把上筒放在圓焊區域旁，當下筒生產完一個，圓焊區作業人員就拿出一個上筒與剛完成的下筒直接圓焊。這樣的作法有三個好處：

1 整體生產的 L/T 會降低

2 現場庫存區域的需求會減少

3 生管的排程更容易安排（從三次變兩次）

唯一需要注意及後續改善的就是圓焊時間跟下筒生產時間是否匹配？以及下筒產出後要怎麼直接送到圓焊人員手上？但改善方向就是讓組合工作與前一段的生產作業結合，而不是全部都分開進行。

半連線的組合包生產模式：總成本最低

毛寶是台灣老牌清潔用品公司，主要生產洗衣精、洗碗精、冷洗劑、浴廁清潔劑、個人清潔用品等。為了優化內部流程與經營績效，他們近年來也開始推動精實管理，其中在 2024 年改善活動就包含本篇所談到的組合包產品。

市場需求裡越來越多像是股東會贈品、公會年節贈品等少量多樣的組合包需求，以〇〇公會的訂單為例，組合包裡總共需放入六款產品。過往做法就是這六款產品各自分散生產，然後再集結一起進行包裝作業。然而這樣的做法：

- 整體生產排程，從各品項投料到最終成品產出需要花費兩週時間。

- 六款產品都被視為半成品產出，以棧板來計，約有三十板的大小。

- 人員搬運作業多，產品生產後送到半成品區，又從半成品

拉到包裝線。

- 會有包材損耗發生，因為半成品需要用紙箱進行承裝。

- 最終包裝產線的生產速度與前段無連動，人員依照自己的節奏包裝。

公司改善團隊在研發協理、製造副理等人的多次試驗下，最終進行連線生產的包裝方式。**除了其中三款產品是由海外進口，其餘產品均與包裝產線同步生產。如此一來半成品從三十板降為六板，原本兩週的生產時間縮減到僅需三天，包材損耗也大幅降低，另外也減少許多半成品的搬運作業。**該批訂單的人工投入工時從原先的 5000 分鐘降低到 4200 分鐘，降低 16% 的工時支出。

過往六款產品中的三款都在不同產線生產，最大的問題是每款產品的生產速度皆不相同，要如何安排在同一個時段生產呢？關鍵就在於「需求速度」上。讓我們用實際案例一起來思考看看：

- A 產品，每分鐘產出 26 瓶，產線需配置四人（放瓶人員有等待時間）

- B 產品，每分鐘產出 15 瓶，產線需配置三人（裝箱人員有等待時間）

- C 產品，每分鐘產出 30 瓶，產線需配置四人（放瓶人員有等待時間）

在輔導會議上，我提議是否可以把 A.C 兩款產品在生產時降速？團隊中就有人馬上面露狐疑之色，進而舉手提問：「顧問，

設備明明可以用較高的效率生產，你要降速不就犧牲設備的性能嗎？」確實！這樣做會犧牲設備性能這點不可否認，但換我反問大家一句「A.C 產品明明不需要這麼早做出來，你做這麼快不就刻意製造半成品庫存嗎？」但這樣做有什麼好處嗎？

當三條產線均為直線型產線且相互比鄰時，A.C 產品放慢速度到跟 B 產品一樣時，原本產線配置的人數就會存在更多的閒置時間。這時候才是見證真正改善功夫的時候，我們不把 A.B.C 產品各自獨立來看，而是當作大的集合來思考生產速度與人員配置。例如：

A 產品，每分鐘產出修正為 15 瓶，產線配置三人（與 B 線共用放瓶人員）

B 產品，每分鐘產出維持在 15 瓶，產線配置三人

C 產品，每分鐘產出修正為 15 瓶，產線配置三人（與 B 線共用裝箱人員）

實際操作上我們僅需要重新安排每位作業者的工作內容範圍，產線雖然有實體距離間隔，但可以透過輸送帶來取代，只需要把暫存區規劃清楚即可。

總結來說，要能夠做到半連線生產的組合包產線有三個重點：

✎ 一、人員：降速是為了爭取更多工作組合

生產線速度調慢後，原本每個人安排好的工作範圍與內容，這時候就需要重新調整。其中最重要的事情是你會發現產速過快時，人員原本很多暫放、重整、收拾、轉向的無效作業反而

會減少。那是因為產速過快時，人員只能夠遷就機台速度，當生產速度降低，反而更可以精準確實地做好應有的動作內容。

而且以毛寶的案例來說，過往長條型產線首尾無法兼顧，現在反而可以思考左右兩條線共用一位放瓶人員，或是尾端兩條線共用裝箱人員。

✎ 二、設備：以多條線一起作業為改善重點

過往獨立生產的產線，就是各自排程、各自產出，現在反而是以多條產線為群體思考各種改善對應措施。例如為了讓生產可以同時進行，機台速度條件就需要重新調整，當然品質也要能夠兼顧。而要讓一人多工，不同產線的產品需要匯流至相同地點，這時需要透過輸送帶、滑道等匯集。

甚至包含物料的暫存區大小等都要一併思考，例如進口物料需要多久供給一次？一次供給多少的量？

✎ 三、物料：減少半成品的大量堆積與搬運

最後在物料部分，連線生產最大的效益就是減少大規模的半成品庫存。讓整體投料到成品產出的時間最短，因此我們可以把這種組合包產品盡量往交期的終點靠攏。否則若各自獨立生產，也要擔心當我們可能已經把 A 產品或 B 產品生產完畢，結果客戶突然下修需求數量甚至是取消訂單。

同時也因為不讓各款產品獨立生產，因此公司就無需設置暫存區，同樣也減少搬運工時、管理成本（品質防護、數量確認、容器耗材等），何樂而不為呢？

當然還有一些細節問題需要考量，例如三條線需要同時連線生產並直接包裝，究竟是要以組合包裡數量最多的為主體，還是重量最重的為主體，這就看個案而定。不過至少可以給大家一個準則—「輕的遷就重的，快的配合慢的」。

🎯 生產導向的業務行為：推薦客人我們最好做的

在毛寶的改善案即將告一段落之時，公司改善團隊開始能夠以連線生產的概念去看待每一次組合包專案產品。總經理就問我說：「顧問，那有關於組合包連線生產，後面我們還有什麼要注意的？」我的回覆是首先連線生產的作業標準書應該要重新制定，讓每一個參與人員清楚知道他在什麼時候、要站在什麼位置、做哪些事情都一目瞭然。畢竟這類型的產品不見得常做，但就算久久做一次，我們都要端出最好的表現因應。

另外一個重點就是從生產去反推業務行為，試想看看如果每次業務談定了一個新的組合包案子回來，製造單位就要確認是哪幾款產品的組合，然後還要重新沙盤推演作業方式與人員配置，未免也太曠日費時、勞民傷財。建議當公司生產過幾次組合包產品後，生產製造單位應該要能夠提出：

- 哪幾條產線是適合連線生產安排？
- 哪幾款產品是讓人力好搭配？
- 哪幾款產品是裝箱包裝好做，甚至積載率高讓運費也划算？

後續不管是業務人員出門拉案子，或是在家坐等客戶上門詢

問，我們都不是把所有菜色全部攤開來問說：「客倌，今天您想點些什麼？」而是業務可以拿得出三種不同價位的套餐組合，而且前菜、湯品、沙拉、主菜、飲料、甜點仍都保有可以讓客人選擇的權利，只是在我們提供的範圍內進行選擇。

每次生產單位在抱怨客戶為什麼要整人的時候，要知道客戶不會刻意惹事，只是他根本不知道什麼東西難做或好做、費時或省力，既然這樣我們就應該列出菜單讓客戶享有選擇的權利，又讓我們自己享受改善的效益。所以下次當公司開始出現組合包形式時，就讓我們一起加油吧！

少量多樣也能標準化！從工序重新分類下手

○── 台灣馬達、工具機、食品廠的標準化改善案例

　　如果我要模仿日本經典綜藝節目《男女糾察隊》裡的「吐槽大排行」，針對台灣企業最常牽拖的理由前三名，可能不外乎「現在人很難請」、「景氣很差」，以及今天我們要特別提出來談的「我們家產品就少量多樣」。

　　有時候會想說「少量多樣」講久了是不是變成一種理由藉口，客戶訂單所延伸的生產排程確實需要區隔，但是在生產製造與物料端反而不見得有這麼大的差距，有時候僅是顏色或零配件的不同。我可以接受業務或生管提到少量多樣造成的影響，但是出自製造單位口中，或許就有轉圜的空間。**之所以這麼說是因為製造端本身作業人員、機械設備就是擺在那，我們還有異中求同的可能性。**

　　當然我曾在台中霧峰生產減速機、馬達的專業製造廠，看到公司團隊用實際訂單數據來說服我少量多樣的真實樣貌。但我也反過來跟改善團隊討論另外一種切入角度：**那就是在製造端不以客戶別、產品項目來思考如何優化，而是以「工序別」來看的話，其實就看起來沒這麼複雜了。**

　　這些年我在不同產業間突破「少量多樣迷失」對現場改善的限

制，特別整理了以下四種作法，提供給讀者們做參考。分別從產品特性、工序順序、時間多寡等分類方式著手，到工序調整都是解方，同時也希望鼓勵大家「吾心信其可成，則千方百計」。

◎ 用產品特性分類

對某些產業來說，客戶的產品需求不具規模，這對於現場團隊會造成困擾—產品沒有規模、無再現性、缺乏標準（特別是工時部分），例如鋁門窗製造工廠就是個明顯的例子。他們要配合每個建案規劃的開窗大小去生產，不同案子間也沒有共通標準。例如國泰建設開的窗跟寶輝建設開的窗就不一樣，甚至同公司前後期不同設計師的想法也不同。

過往很多企業遇到這樣的情況，往往很多改善進程就不了了之。可是管理哪有這麼非黑即白，不能因為一點困難就雙手一攤不做。

我們可以試著利用產品本身規格特性最大限度地進行分類，以鋁門窗為例，如果我們把長度 1.5 公尺以下的零件都視為一類，1.5 到 2 公尺間的視為一類。同類間的工時要求就稍微從寬放定。例如 1.2 米組裝工時 60 秒，1.4 米組裝工時 70 秒，那 1.5 米以下就都先認定以 70 秒為標準。

這樣做的好處就是希望快速地將公司成千上百種的產品規格分門別類，目的仍是要找出標準，讓大家能夠有所依循。後面才能找出差異進行改善。

承接上面的例子，1.2 米的產品標準是 70 秒，但不是每個人都

能達到，這時我們就要檢討組裝順序、物料位置、作業方法、使用工具等異同。始終要記得，**建立標準是要找出差異，找出差異是為了要改善，而改善是為了追求產出的穩定。穩定才能再進一步建立更積極的標準，如此循環持續改善之。**

用工序順序分類

自行車零組件廠主攻高階品牌零件、改裝品、訂製品的利基市場，隨著公司近十年來的蓬勃發展，大家漸漸感受過多的料號就是一種作繭自縛的行為。因為明明是同樣的工序、一樣的尺寸規格，僅在最終顏色塗裝與 logo 雷雕有所差異，公司卻要為此建立超多不同料號。而且是從生產最源頭就分開管理，這會讓採購端、生管端、製造端每次需求時的 MOQ（最小訂購量）、生產排程、效率優化案等都是個案看待，造成公司庫存增加、生產效率不佳、交期拉長等問題。

我沒有直接要求大家該怎麼做，而是在輔導會議上點出這個問題，讓大家自己去思考感受問題嚴重性。接下來大家就自行發想是否在顏色塗裝與 logo 雷雕前以相同料號進行管理呢？這就是對問題有共同認識後所激盪出的對策想法。另外在庫存改善時，「目的」是一開始就需要搞清楚的重點。我們究竟在意的是庫存空間還是庫存金額，就會對於改善對策形成不同的結果。

接下來從 2022 年下半年開始，自行車相關產業的需求急縮，為避免過多庫存造成經營壓力，在物料開發檢討階段，改善團隊已經將多項物料停用，其原因不外乎特殊尺寸少用或是客製

特規需求。然而我再次提醒大家的是—即便在開發階段，檢討也不要以料號為單位，重點是要「建立規則」。不然只要研發主管有任何更迭，每個人都有各自的喜好與堅持，甚至之前被停用的料號也能夠透過重新建立一個新料號做到「穢土轉生」（誰准許你在這放火影忍者的哽），那現在的檢討就沒有意義。**我們要的是規則，例如以後軸心尺寸大於多少就不能被使用，除非有非用不可的理由，有明確的作事依歸才不會一錯再錯。**

同樣的概念在機械加工產業也會發生。如果在供應商端就已經做好 A-1、A-2、A-3 三種零件，就可能會有交期確認、庫存數量等問題。**對於共用性強的零件 A，我們當然希望在 A 的狀態進廠，在自己廠內進行加工成 A-1、A-2 與 A-3。**而且更應該要善用其好處—需要的東西在需要的時候只提供需要的量，而不是「有閒的時候加減做」。

◎ 用時間多寡分類

「看一個人不要看他說了什麼，要看他做了什麼。」網路心靈雞湯類文章常常這樣告誡著我們，其實公司內的作業也是一樣。產品口口聲聲說少量多樣，**我們不要看產品說了什麼，倒是可以看產品花了多少時間，畢竟時間不等人也不騙人。**

例如工具機業的檢驗作業，為了要確保供應商交貨品質無虞，往往需要在品管單位佈防重兵做好進料檢驗工作。過去供應商交貨項目多，萬一還遇上客製化品項也多時，品檢人員就需要花時間逐項確認，這麼一來對於檢驗進度、人員工作量負荷都不

好管理，更遑論符合公司年度改善目標。但大家只會覺得無可奈何，畢竟這就是少量多樣下的困境。

但如果我們用時間作為管理尺度呢？例如檢驗項目依照難易度分成 S.A.B.C 四級，不用品項或供應商來看，是因為品項太多太雜、供應商承作產品也多元。所謂的難易度跟檢驗時間成正比關係，所以分級如下：

檢驗難度 S 級：檢驗時間平均 2 小時的品項。

檢驗難度 A 級：檢驗時間平均 1 小時的品項。

檢驗難度 B 級：檢驗時間平均 30 分鐘的品項。

檢驗難度 C 級：檢驗時間平均 15 分鐘以內的品項。

然後待驗區依照順序擺放，每兩小時從收貨區取件（只取下兩小時可量物件），待金屬產品同溫後就開始進行測量。透過難易度與作業時間分級，我們可以清楚訂定檢驗者每日進度任務。

很多時候大家認為檢驗成本的降低，往往只能依靠工時縮短的優化改善。然而檢驗人員的派工方式要如何有效率地分配與管理，也是檢驗成本低減的重要因素。我們可以利用上述的檢驗難度資料，快速估算在待驗區的當日工作量，並依此來設定派工人數多寡。

例如 S 級物料 1 件、A 級物料 7 件、B 級物料 3 件、C 級物料 12 件，總待驗工時為 810 分鐘（1 件 *120 分 +7 件 *60 分 +3 件 *30 分 +12 件 *15 分），如果一個檢驗人員一天可工作時間為 460 分鐘，那當日需求人數可以兩人進行派工。

◎ 用工序調整來救

如果真的要講少量多樣的話，有誰可以比食品業的生鮮食材更有資格站出來嗆聲的！畢竟天然農畜產品裡，就拿馬鈴薯來說，每一顆大小、重量、品相、品質等都有差異。因此鮮食產品的包裝產線面臨到因為天然食材無法規格化，造成成品重量過輕而有拆包裝的耗材損失、重修的工時損失。例如番茄切片會有大小片還需要人工拼湊足重的時間、手撕肉類也是、生菜都一樣。但在這些混亂中值得討論的事情有：

✎ 客戶規格是整體重量還是單件重量？

如果抽樣產品平均數過低，能不能提高部分食材的重量來達標呢？當然食材價格、拿取效率也是考量重點。例如我要多放點生菜還是雞胸肉，或者多擠兩下沙拉醬來增加重量呢？我還蠻好奇 Subway 或麥當勞會否有所要求，在此呼籲 Subway 員工可以多放一點生菜嗎？如果不是希望多增加纖維質攝取，那我就去吃漢堡王就好啦！

✎ 改變檢查順序以減少工時

如果我們先完成包裝、貼標再來做重量檢查，過輕的產品就需要拆掉包裝來修整。因此先後順序就變得很重要，如果可以先確認重量是否異常再來包裝，我們就不用拆掉包裝（因為根本還沒包）。接下來也不用設備把重量異常產品自動剔除，因為這麼一來產品賣相可能就面目全非，而是怎麼在線上迅速補足重量以持續生產。

✎ 材料費與人工費的取捨

如果有兩全其美的作法當然最好，但在食品業的自動化歷程

中，你可能需要先想清楚的是：你家產品是原料貴還是人工費用貴？如果是人工成本越來越高，甚至連請人都請不到，這時候還要追求極致的步留率（原料使用率）未免太好高騖遠。

如果我犧牲一點原料端的步留率，讓食材在規格、重量、形狀、厚薄、方向上能夠偏向一致，進而讓自動化設備好做或者人員好做，前端食材上的損失若能換來後端更大效益，那或許這會是一個可以努力的方向。**或是在人工作業裡開發專用「治具」、「工具」以減少人員判斷、重工等效率浪費以及熟練度養成的時間。**

許多時候我們往往會陷於某些框架中而不自知，就像我曾經到台北港協助進口汽車與重型機車的整備作業，包含外觀檢查、簡易部品拆裝、防竊微粒噴塗與美容保養等。改善團隊問說「老師，我們有一項接電瓶作業一直覺得很難標準化，因為車輛大小各異，要怎麼做才好呢？」我現場觀察後提出的建議是把重型機車區分大車、中車、小車，接電瓶作業就也分成三種時間，這樣就能夠依照每日工作量去規劃適當人力需求。

> **「少量多樣」不應該是阻礙改善的藉口，透過不同的拆解分類方式，就可能會有新的管理改善方法出現。**

希望這篇的出現，能夠讓推動改善的你擺脫產品類別的既定框架，轉個彎會有更好的氣象出現。

6-5

導入 AI，先克服分群、極端值與時間軌跡

○─── 台灣企業導入機器學習時不能忽略的管理難題 ───○

談到人工智慧、機器學習，你想到的是什麼？而談到精實管理、豐田生產方式你又想到的是什麼呢？如果有看過《海賊王》的你，差別可能是超新星們跟舊時代四皇的時代感吧——「現在大家都在談 AI，誰還在跟你在那邊 Lean ？」

週日下午，我在政大商學院的教室裡上著一門叫做「人工智慧與營運優化」的課，老師是政大資管系的莊皓鈞教授，作為新生代學者卻能在科技通路、便利零售、線上平台等產業擁有著極為豐富的產學合作經驗並協助解決實務問題，同時也獲得科技部傑出研究獎、玉山學術獎等成果。

作為一位資訊管理門外漢如我，在不懂程式語言、數學推演等情況下，卻在課程中透過莊教授的分享讓我體悟到原來不論是人工智能、機器學習、類神經網路等各種看似先進炫麗、高大上的技術工具，**其實回歸到企業經營或職場現實中，仍舊需要克服三大難題：分群、極端值與時間軌跡。**

作為在 21 世紀被寄與厚望的數位技術工具，眾多產業期待藉此做出更多突破之際，作為技術端專家的莊教授透過產學合作專案告訴我們其中的難題。而擅長利用 20 世紀生產管理優勢—「精

「實管理」的我，卻發現其實這些難題驚人地相似。就聽我娓娓道來，什麼叫做有人的地方就有江湖。

ⓠ 分群：真正的挑戰不是技術，而是你想拿它做什麼？

分群（clustering）的概念是要做到「群內差異最小，群間差異最大」，企業端可以藉此做出推薦引擎，像是影音串流平台 Netflix 或是線上音樂串流平台 Spotify 能夠推薦你可能會喜歡的歌曲或影集，又或者零售通路端商可以將客戶分級。

當教授提到這個在機器學習裡重要的基礎概念，說了一句讓我心有戚戚焉的重點「對我們來說，真正的挑戰不會是技術，而是應用端想拿來做什麼？」這真的是實務操作上最重要的問題。**過去我也曾經在《豐田精實管理的翻轉獲利秘密》一書中寫到「目的先決模式」的兩大靈魂自省問句：為什麼要做改變？為了什麼要做改變？**

不過在機器學習跟精實管理兩者之間，作法上卻有些許出入。就先說我個人比較熟悉的精實管理吧！對於各種型態的製造服務業來說，如果有原料投入到成品產出的生產製造流程，那麼改善目的就比較清楚，不外乎就是品質、成本、庫存、交期等可量化指標。你問說這些改善目的從何而來？可能是客戶端的要求、老闆想要追上對手或拉大競爭差距，抑或是面對產業環境、技術變更的憂慮而來。

課程中我有特別詢問莊教授「企業端究竟要先有目的再分群收集數據？還是先分群收集數據才來找目的呢？」這部分教授也非

常坦白地說很多企業確實是摸著石頭過河，就是先有數據、資料、分群後，試圖給予標籤化再來考慮能做點什麼。像我個人就很好奇好市多的黑鑽卡究竟是先分群發現有群高消費族群後，才設計出來用以提高消費量的活動？還是先推出黑鑽卡後才來找尋TA（目標客群）會是誰呢？

所以不論從機器學習或精實管理來看，都是工具手段，重點是我們希望藉此來解決什麼問題才是作為經營管理者最根本的探索。

◎ 極端值：真正的挑戰不是模型，而是經理人的人性

如果今天有一套股市分析軟體，有 85% 以上的機率能夠準確預測每日大盤的收盤表現，你會買單嗎？各位可以先闔上書，花個十秒鐘思考一下答案。

接下來再給各位另一個情境，如果今天你們公司跟政大有個產學合作專案，將不同客戶的拉貨頻率、需求量建模，而且有 85% 的機率是能夠符合客戶的需求頻率、需求量，你還是會買單嗎？

你說當然會啊。棒球場上偉大的打者打擊率了不起四成，籃球場上厲害的射手命中率六成已經是可怕，更何況有 85% 這麼香，我還不梭哈嗎？

我說，那是你不懂人性！

在公司治理領域有個很重要的理論叫「代理理論」（Agency Theory），簡單來說就是老闆跟主管會因為關注的利益不一致、

資訊不對稱，做出各自迥異的決策。我最常講的例子就是假設今天要新設生產線，訂單量跟工時計算得出需要 3.5 位作業員才能符合需求，請問實務上會安排幾個人生產呢？答案很簡單，站在老闆的角度會用無條件捨去法，安排三位作業員；站在主管的角度則會用無條件進位法，安排四位作業員。

老闆心裡所想「拜託，人工成本越來越高，當然是先安排三位，來看看有什麼可以改進優化的地方？要安排四位，又不是花你的錢，講話還那麼大聲？」

主管心裡所想「欸幹，不要講的這麼理想化！如果只安排三位，訂單趕不出來被罰款的話，還不是我被釘到飛起來？難不成老闆你自己會飛起來嗎？需要被績效考核影響升遷薪資的是我不是你。」

花了一點篇幅談代理理論，接著再讓我們回到實際情況，**當機器學習能夠一定程度預測需求的趨勢，經理人往往更在意極端值所帶來的影響。**特別是實際需求大於預期時，缺料的客戶罰款、商機的機會損失怎麼辦？至於需求小於預期時，我想至少還能夠參照《一百種塞貨的方法（偽）》。

其實代理問題在推動精實管理過程中很常見，但站在企業長期營運角度，我們應該用「機率」跟「期望值」來看極端值的影響。最經典的案例是當日本 311 大地震發生時，豐田汽車供應鏈因而停產數日，酸民無國界，這時候就開始有好事者說「阿不就零庫存？這下真的零庫存了吧！」其實這問題每年我們帶台灣企業主們到日本豐田參訪時都有很多人有此疑問，但豐田的回答始終很

一致：「我們不會因為百年一遇的大地震而建置高庫存水位。」背後的含義是當危機出現時要如何快速回應而重新站起，這才是管理者的價值所在。機器學習同樣會遭遇到類似問題，既然是預測，那麼領先指標在發展過程中就更難找尋。

每次當我遇到有企業經理人問說「老師，那如果照你說的做，萬一遇到 XXX 的情況那怎麼辦？」就像卡通《櫻桃小丸子》的友藏爺爺一樣，我心中的誹句是「如果一年裡能夠讓你順暢 350 天，有 15 天可能有特殊情況，你還要賴我？要不乾脆你薪水也都給我算了」好，我就是心裡說說，順便打在文章中抒發一下罷了。

管理追求的是高勝率的穩定、小機率的靈活。白話文的意思就是在大多數場合下，我們都可以穩定產出好的效率跟品質，然而遇到小機率的風險或異常時，我們追求應對方式的靈活性，因為這個時候已經沒有標準答案可循。

◎ 時間軌跡：真正的挑戰不是總量控管，而是順序與變化

最後莊教授提到一個重點也是我目前在台灣產業界看到大家要努力之處，叫做軌跡（trajectory）。**機器學習在分群階段除了瞭解總量、狀態以外，進階議題就是要如何瞭解其軌跡**。教授在課堂上舉的有趣例子是這樣的：網路購物廠商希望透過消費者購物軌跡的搜集，區分各種狀態，例如沒有瀏覽、僅瀏覽、有加入購物車、有購買等行為，收集各類型消費者的行為軌跡，從最終購買行為的發生去瞭解過程，希望能夠藉此強化。

另外一個時間軌跡的案例是物流業者，當消費者下訂產品後就很在意東西到底在哪？例如訂單成立了沒？貨品在發貨倉揀好了嗎？已經由貨車配送出來了嗎？而通常物流業者的配送情報傳遞有兩種形式：(假設 ■ 代表情報提供，□ 代表情報不提供)

模式 A：■□■□■□■□■□

模式 B：□□□□□■■■■■

最終研究結果，消費者更偏好模式 B 的作法，其實這也無可厚非啦！以我號稱微型社會觀察家的角度，就請大家想想男朋友要送宵夜給女友的情境就可以瞭解。假設男友住台中，突然心血來潮在晚上十點時想要買宵夜開車送給住在台北的女友。模式 A 的作法就是十點出門時就跟女友預告，然後過了清水休息站就打一次電話「我在路上了喔」，過了新竹又再打一次「有沒有想我啊？」，終於到台北下交流道再打一通「喂～我下交流道了」，我個人估計你在新竹時，女友就已經失去耐心與熱情......

相反地如果你帶著宵夜開著車，已經下交流道時才打電話「寶貝，你想不想要吃宵夜呢？」十分鐘過後你在她家樓下打電話說「我在你家樓下，開門吧！特別想你，知道妳最近工作辛苦，買了宵夜想跟你一起吃。」兄弟，別說我沒教你啊！（但如果開門之後你發現綠光罩頂，阿杜幫你唱著「我應該在車底，不應該在車裡」，就是另外一個故事線走向了。）

至少，物流業現在也都這樣搞的啊！你女友買網拍也會充滿驚喜跟愛呢～

其實在製造業的生管、製造單位同樣也遇到這樣的問題，許多沒有推行過精實管理的企業，我所觀察到的現象是生管會給予製造單位「訂單出貨日」，然後生產製造的前後工序間，可能前製程的生產順序是 B.E.A.C.D ，而後製程的包裝出貨順序則為 A.B.C.D.E 。雖然就結果論來說，出貨可能不會延遲，但其中 Lead Time （原料投入到成品產出的時間）拉長、半成品庫存增加卻是無法避免的浪費。

機器學習在分群階段的進階議題，恰好也是台灣傳統製造業推動精實管理時也要重視的進階作法。兩者都需要跨單位的交流討論、協調作法才會獲得更大的成效。最後還是想呼應我前面的想法：

> 二十一世紀眾多產業寄與厚望的技術工具「機器學習」，其所面對的問題挑戰跟二十世紀許多企業消除浪費、優化效率的管理工具「精實管理」驚人地相似。因為科技始終來自於人性，技術演化最終要落地回到組織內部去面對管理問題。

從 2023 年的 ChatGPT 到 2024 年上半年輝達（NVIDIA）黃仁勳執行長在台熱潮，許多傳統產業老闆、經理人充滿對於未知的焦慮恐懼，技術的演進發展本身就是不可逆的過程。在學習擁

抱共存的過程中，非技術出身的我，看到的是技術在落地時可能遇到的挑戰與機會。特別寫下這篇文章跟大家分享，希望可以共勉之，然後一起加油吧！

	機器學習	精實管理
目的	摸著石頭過河，透過數據的搜集、分群後，找出應用端可能	從營運問題點出發，主要聚焦在品質、成本、交期、庫存等構面
極端值	經理人的代理問題，在意極端值可能對於其績效表現的評核	透過機率與期望值的概念說明，同時也不可迴避其管理責任
時間軌跡	數據分群的進階應用	製造排程的同期化生產概念
關鍵資源	經營層與經理人的理解與支持程度	

《精實法則》獨家點檢表 ○——————

本書附贈企業問題
診斷表下載

https://dub.sh/lean

　　自我評核分數從 1-3 分 - 1 分表示目前尚未思考或執行 - 2 分表示已有
具體執行作法，但尚未取得成效 - 3 分表示該項目已有成功案例，並有
標準化勉之，然後一起加油吧！

物：承載價值的產物

類別	關注重點	點檢項目	自我評核
物	物料的管理狀態	有沒有做到一品一位？	
		有沒有把相似物料集中管理？	
		有沒有依照使用頻率來決定物品位置？	
		大型物料有沒有垂直擺放？	
		有沒有把重物低放？	
		有沒有對應異常情況時的庫位？	
		有沒有設定最大庫存量？	
	避免物料採購過量	有沒有定期檢視物料的持有時間？	
		有沒有設定倍率關係讓採購控管庫存量？	
		有沒有給業務單位年度失敗成本？	
		有沒有定期確認採購 L/T 與生產 L/T？	
		有沒有確保第二供應商？	

類別	關注重點	點檢項目	自我評核
物	避免客製化造成無效資源投入	客戶需求探詢時用選擇題取代開放性問句？	
		有沒有在開發前期就讓客戶參與討論？	
		有沒有善用通訊工具與方法？	
		有沒有設定給客戶的規則？	
		開發時，內部參與有沒有同步工程？	
	提升物料檢驗效率	有沒有盤點檢驗作業？	
		有沒有確認作業目的與理由？	
		外觀檢驗有沒有跟客戶確認好限度樣品？	
		機能型檢驗能不能轉換成規格檢驗？	
		規格型檢驗能不能轉換在製程內做好？	
		有沒有從過往紀錄考量範圍、頻率或生產先行？	
	從設計與製造端來優化品質	內部討論時有沒有檢視整體最大效益？	
		有沒有確認第一線的行為動作以避免影響品質？	
		有沒有收集數據與檢視對策的因果關係？	
		有沒有技術型對策或管理型對策？	

停滯：價值以外的時間

類別	關注重點	點檢項目	自我評核
停滯	避免提早做、加減做的浪費	有沒有確認廠內提早做、加減做的現象？	
		有沒有瞭解提早做、加減做造成的浪費問題？	
		有沒有追求需要的東西在需要時只提供需要數量？	
	用精準排程避免場地空間浪費	各工站有沒有明確的時間數據？	
		有沒有透過排程調整來減少產品停滯？	

類別	關注重點	點檢項目	自我評核
停滯	用精準排程避免場地空間浪費	有沒有透過使用時間區隔來減少場地使用？	
		有沒有用時間來記錄追蹤品質變異情況？	
		有沒有用長期勝率來評估備料預測？	
	不讓跨單位間的各自為政造成產品停滯	有沒有瞭解跨單位各自為政的管理損失？	
		有沒有特別觀察紀錄各站別間的停滯時間？	
		有沒有透過情報傳遞或供給頻率來減少停滯時間？	
		有沒有透過分工方式或改善來減少作業時間？	
		有沒有透過串改並聯或情報共有來減少移動時間？	
	透過工程合併來減少停滯	有沒有瞭解工序分割造成的浪費損失？	
		有沒有透過前後工序連結來做改善？	
		有沒有改善產能不匹配以連結前後工序？	
		有沒有改善換線時間差異以連結前後工序？	
		有沒有減少品質異常與故障以連結前後工序？	
		有沒有將工程合併概念應用在間接單位或流程？	
	透過小批量供給來減少停滯	有沒有瞭解大批量造成空間、品質與作業上的損失？	
		有沒有確認批量生產的理由與背後環境？	
		有沒有確認間接單位的小批量改善？	

人：創造價值的靈魂

類別	關注重點	點檢項目	自我評核
人	用流程改善來面對缺工議題	有沒有確認人很難請的原因？不願意來還是留不住？	
		有沒有確認是設備瓶頸還是人員瓶頸？	

人	用流程改善來面對缺工議題	有沒有檢視所有浪費的可能？	
		作業檢討，能不能不要做？	
		作業檢討，有沒有作法改變更簡單好做的可能？	
		作業檢討，有沒有明確作業標準？	
	要給予改善活動適當犯錯空間	有沒有注意過公司是否有專發軟釘子的主管？	
		有沒有注意過公司是否有控制欲極強的主管？	
		有沒有給予改善團隊犯錯的空間？	
		溝通時能不能語氣柔軟但態度堅定並以身作則？	
	非制式作業的標準化	前後流程間能不能用時間來呈現？	
		獨立作業能不能用量化指標來區別？	
		量化的同時有沒有溝通改善目的？	
	高階主管對改善的責任	有沒有瞭解產業趨勢變化是什麼？未雨綢繆？	
		有沒有確認內部能力是否有消長？時刻檢視？	
		有沒有知道利害關係者想要什麼？對焦配合？	
	確認問題原因，避免只從現象著手	能不能清楚描述狀況？造成哪些差異？	
		能不能呈現持續發生後的結果，以量化數據呈現？	
		能不能檢討原因，並區分策略或管理議題？	
		能不能針對原因去設計對策，並做好成本效益比較？	

類別	關注重點	點檢項目	自我評核
人	關注業務行為對改善活動的影響	業務端有沒有對內部流程有正確認識？	
		業務端有沒有完整的獎酬制度，而不是只有獎金？	
		老闆是業務時能不能不偏袒業務單位？	
		業務端面對客戶時有沒有堅定立場？	
		業務端的預測有沒有與現場單位分享？	
		有沒有從客戶角度檢視產品需求目的？	

切換：因應需求的靈活

類別	關注重點	點檢項目	自我評核
切換	清機結線時間的改善	有沒有確認非假動工時能否用小規模高頻率調整？	
		有沒有定義個區域、機台、部位的允收標準？	
		能不能透過分工方式來提高效率？	
		能不能細分對策來提高效率？	
	透過人機時間分離改善產能	時間觀測時有沒有確認把人員與設備時間分離？	
		有沒有嘗試做好人工作業時間的改善？	
		有沒有嘗試增加或調整人員作業範圍的改善？	
		有沒有確認人員等待設備或設備等待？	
	更換供應商的解套策略	有沒有先確認半成品庫存已經有改善？	
		有沒有讓供應商承接更多工作？	
		有沒有用內製取代外包？	
		有沒有尋求國外的替代來源？	

切換	更換供應商的解套策略	有沒有用併購向上整合？	
		有沒有以協進會來連結關係？	
		自己作為供應商，有沒有強化自己的不可取代性？	
	因應淡旺季需求差異的作法	有沒有避免預作，用訂單需求來安排生產人數？	
		多人作業的分配是否合理呢？	
		有沒有檢討整體作業總量的低減呢？	
		有沒有避免以固定人數在不同產線移轉？	
		有沒有在公司內進行多人工訓練？	
	改善換線時間以增加產能	有沒有確認前後工序的計量單位是一致的？	
		有沒有檢討換線作業的動作本質？	
		有沒有從產品特性來考量改善可能？	
		有沒有從行為模式來考量改善可能？	
		有沒有嘗試增加人力來減少換線時間？	
		有沒有嘗試增加預備模來減少換線時間？	

機：協助人類的夥伴

類別	關注重點	點檢項目	自我評核
機	產線自動化的前置準備	有沒有先整併自家產線以減少資本支出？	
		有沒有先確認設備能夠做到人機分離？	
		有沒有先確認自動化的作業目的？	
		有沒有先優化內部作業流程？	
		有沒有先跟客戶檢討設計，以自動化好作業為優先？	

機	設備產能損失的優化	管理者有沒有針對未知可能的情況，提出因應對策？	
		管理者有沒有針對現有問題或作法，提出改進方案？	
		管理者有沒有針對成功案例或結果，提出橫展行動？	
		有沒有針對正常工時內的「降速」做改善？	
		有沒有針對意料中的非生產工時做改善？	
		有沒有針對意料外的非生產工時做改善？	
	資訊系統優化從人員使用開始	有沒有瞭解系統建置與資訊收集的目的？	
		有沒有從使用者角度來設計？	
		有沒有注意時間管理的尺度一致性？	
		有沒有檢核系統的使用介面與內容？	
	設備維護保養的改善建議	有沒有做好保全預防活動，設備樣式規格檢討？	
		有沒有做好預防保全活動，設備點檢標準建立？	
		有沒有做好事後保全活動，設備故障快速修復？	
		有沒有做好改良保全活動，設備問題修正改良？	

調適：人工智慧的集結

類別	關注重點	點檢項目	自我評核
調適	物料精度與整列流動是自動化的基礎	有沒有讓物料在設備上整列移動？	
		有沒有讓產線設備整列佈置？高低差、速度差、寬窄差、方向切換？	
		有沒有讓生產定位精度提高？	

調適	從機台物料細節看改善可能	有沒有重視產品動作的價值性？	
		有沒有注意產品動作的重複性？	
		有沒有注意產品設備的流向？	
		有沒有到不良現象的地點確認？	
		有沒有關注不良現象的發生時間或頻率？	
		有沒有瞭解不良現象的環境條件？	
	組合包產品的連線生產	有沒有瞭解傳統組合包分開生產組裝的缺點？	
		有沒有配合產速最慢的產線重新安排人員？	
		有沒有讓多條產線同時作業？	
		有沒有減少半成品的大量堆積與搬運？	
		業務行為有沒有考量生產導向（好做的）？	
	用工序分類重新定義少量多樣	有沒有嘗試用產品特性重新分類？	
		有沒有嘗試用工序順序重新分類？	
		有沒有嘗試用工時長短重新分類？	
		有沒有用工序調整來進行改善？	
	企業導入 AI 時的管理難題	有沒有確認資料分群的動機目的？	
		面對極端情況時的代理議題，公司有沒有溝通過？	
		有沒有關注作業流程時間順序與變化？	

精實法則：50+台灣企業高效增利實戰

作　者	江守智
責任編輯	黃鐘毅
版面編排	江麗姿
封面設計	任宥騰
資深行銷	楊惠潔
行銷主任	辛政遠
通路經理	吳文龍
總編輯	姚蜀芸
副社長	黃錫鉉
總經理	吳濱伶
發行人	何飛鵬
出　版	創意市集 Inno-Fair 城邦文化事業股份有限公司
發　行	英屬蓋曼群島商家庭傳媒股份有限公司 城邦分公司 115台北市南港區昆陽街16號8樓

城邦讀書花園　http://www.cite.com.tw
客戶服務信箱　service@readingclub.com.tw
客戶服務專線　02-25007718、02-25007719
24小時傳真　02-25001990、02-25001991
服務時間　週一至週五9:30-12:00，13:30-17:00
劃撥帳號　19863813　　戶名：書虫股份有限公司
實體展售書店　115台北市南港區昆陽街16號5樓
※如有缺頁、破損，或需大量購書，都請與客服聯繫

香港發行所　城邦（香港）出版集團有限公司
　　　　　　香港九龍土瓜灣土瓜灣道86號
　　　　　　順聯工業大廈6樓A室
　　　　　　電話：(852) 25086231
　　　　　　傳真：(852) 25789337
　　　　　　E-mail：hkcite@biznetvigator.com

馬新發行所　城邦（馬新）出版集團Cite (M) Sdn Bhd
　　　　　　41, Jalan Radin Anum, Bandar Baru Sri Petaling,
　　　　　　57000 Kuala Lumpur, Malaysia.
　　　　　　電話：(603)90563833
　　　　　　傳真：(603)90576622
　　　　　　Email：services@cite.my

製版印刷　凱林彩印股份有限公司
初版1刷　2024年11月

ISBN　978-626-7488-48-5／定價　新台幣450元
EISBN　9786267488478 (EPUB)／電子書定價　新台幣315元

Printed in Taiwan
版權所有，翻印必究

※廠商合作、作者投稿、讀者意見回饋，請至：
創意市集粉專 https://www.facebook.com/innofair
創意市集信箱 ifbook@hmg.com.tw

國家圖書館出版品預行編目資料

精實法則：50+台灣企業高效增利實戰
江守智 著
-- 初版 -- 臺北市；
創意市集・城邦文化出版／英屬蓋曼群島商家
庭傳媒股份有限公司城邦分公司發行，2024.11
面；　公分
ISBN 978-626-7488-48-5（平裝）
1.CST: 生產效率 2.CST: 生產管理 3.CST: 企業管
理 4.CST: 臺灣

494.5　　　　　　　　　　　　　113015890